〈立即上桌的料理〉

馬鈴薯沙拉（ポテトサラダ）	啤酒（ビール）	肉末豆腐（肉豆腐）

不會有地雷	無論如何先點再說	靈魂美食

〈基本菜色〉

烤雞肉串（焼き鳥）	燉煮料理（煮込み）	烤肉臟串（モツ焼き）
	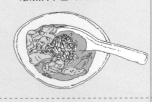	
小確幸	速食	精力來源

〈隨酒小菜〉

毛豆（枝豆）	涼拌豆腐（冷奴）	醃漬白菜（白菜漬け）

跟啤酒最速配	適合日本酒	店家自製更棒

〈品嘗江戶味〉

剛上市鰹魚（初鰹）	鰻魚（鰻）	泥鰍（泥鰌）

鰹魚生魚片	烤鰻魚串	泥鰍鍋

〈 要提早點的料理 〉

高湯日式煎蛋 （出汁巻き玉子）	酒（熱燗）	炸竹莢魚（アジフライ）

烤物	溫酒	炸物

〈 主菜間的代表小菜 〉

米糠醃菜（糠漬け）	野澤醬菜（野沢菜漬け）	辣味醃茄子（茄子辛子漬け）

爽脆口感	清脆爽口	口感清脆

〈 懷念小菜 〉

臭鹹魚（クサヤ）	鹽辛海鞘（ホヤ塩辛）	糖漬蝗蟲（イナゴの佃煮）

風味獨特	清爽的海潮風味	酥脆口感

〈 要是店家提供不妨嘗試看看 〉

Sapporo赤星 （サッポロ赤星）	生Hoppy（生ホッピ）	Hoisu沙瓦（ホイスサワー）

下町酒館必點啤酒	泡沫細緻	帶藥草口感的風味

跟著日本人這樣喝

小寺賢一 ◉ 著

桑山慧人 ◉ 繪

酒品選擇、佐菜搭配、選店方法一次搞懂，享受最在地的小酌時光

居酒屋 全圖解

酒場図鑑
THE BRAND NEW
SAKABA-ZUKAN

卓惠娟、李池宗展 ◉ 譯

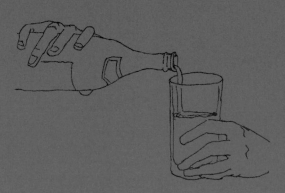

前 言

　　無論酒館裡的客人是多還是少，都歡迎新客人上門。但是從客人的角度來說，第一次踏入的店，總會伴隨著不安。想在酒館享受獨酌的樂趣，都得經歷一再嘗試錯誤、踏遍各處酒館，然後逐漸熟悉的過程。漸漸熟悉酒館的酒徒會鍛鍊出敏銳的嗅覺，就能憑直覺找到好酒館。

　　日本坊間有價廉物美的無座立飲屋、也有歷經年歲的雅致店家。但是，因為這些店家常有不成文的獨特規矩或禮節，或許會讓許多人望而卻步。如果有一本針對這類店家的指南，或許能成為找到好酒館的捷徑，本書就是為了這個目的而誕生。

　　比方說，選擇酒館需要一點訣竅。要是能了解什麼地方有便宜又美味的店家，酒館巡禮就會更加愉快；知道該點什麼下酒菜，酒喝起來滋味就更佳；了解店裡古樸的建築結構值得注目的話，就能在喝酒空檔時打發閒暇。

　　最重要的，除了喝酒，酒館也是品嘗美食佳餚的場所。如果口袋裡能有幾家價格公道、提供美食佳釀的名單，生活就更加豐富多彩。一個人獨酌也好，邀朋友共飲也佳。好的酒館能成為人與人之間的橋樑。

　　本書雖然不是一本酒館巡禮的導覽手冊，但我在書中也會介紹心中認定的好酒館，並且加上圖解說明，讓還不熟悉酒館的人也能在酒館度過愉悅的時光。

　　從尋找好店的方法到享受獨酌樂趣的要訣、下町 Highball「神祕的濃縮液」、在家重現酒館「熟悉的味道」的食譜等，從如何在酒館愉快度過到下酒菜的林林種種，如果本書能對讀者享受酒館之樂稍有助益，將是我莫大的榮幸。

　　期盼今晚到酒館小酌一番以前，本書能陪伴著你。

※書中所提供價格，均為2017年以前的物價，實際價格依地區、品牌而有不同，請以當地為準。

目次

第 1 章
酒 館 巡 禮 的 第 一 步

第 2 章

品酒、暢飲

目次

目次

ILLUSTRATED

第 1 章

酒館巡禮的
第一步

找到好酒館的訣竅

◉ 在巷弄裡散步觀察

　　想在市區找到又便宜又好的酒館，先記住底下的實用訣門。首先，好的酒館不會開在一般的繁華大街上，就算有，價位也偏高，所以必須往巷子裡去找。觀察走在路上的行人、從店裡進出的客人等，應該可以判斷出這家店的氣氛。

　　光看店前暖簾、燈籠、栽種的花木等，可以判斷店鋪開了多久。如果發現紅燈籠的骨架似乎歷經風霜，應該是很不錯的居酒屋。畢竟店鋪經得起時間考驗而屹立不搖的話，一定是很不錯的酒館。霓虹燈招牌光鮮亮麗，裝潢似乎所費不貲的店鋪呢？大約可以想像不是一個能夠自在喝酒的地方。

　　或許有很多人不曉得，門口掛著用繩子編成的暖簾的店家，就是廉價居酒屋的代名詞。暖簾等於在告訴客人「我們家很便宜喲」。在外面也聽得到的客人喧譁聲，或是電視節目、音樂聲響等，是這類店鋪的特徵。

◉ 第二次上門要趁早

　　第一次去的店如果覺得待客不佳，但酒或下酒菜卻相當不錯，不妨再光顧一次，儘量不要只去一次就急著給負評。也許只是不巧當天進的食材或客群讓你留下壞印象。另外，距離第二次消費時間不要拖太久，可能的話，不妨隔天再次上門。如果去的是間小店，又選同樣座位的話，「這位客人又來啦」，店家的態度應該也會改變。

　　一間好酒館，會和客人保持適當的距離。適當地讓客人可以自由放鬆，酒杯空了，便恰如其分地過來為客人添酒。希望你也能培養出找到好酒館的眼力。

容易找到好酒館的地點

巷弄

從行人的模樣，想像一下客群大多是什麼樣的人？

POINT

暖簾

高架橋下

紅燈籠、招牌的氣氛等，是判斷店鋪歷史的依據。

酒館街

確認店鋪位置、客群、喝什麼樣的酒、吃什麼樣的料理。以掛著暖簾的店家為目標。

POINT

紅燈籠

發現「好酒館」的連鎖效應

◉ 向店家打聽非競爭對手的店鋪

發現一家好酒館，就能像綁粽子一樣接二連三找出其他好店鋪，其實有個祕訣，那就是向非競爭對手的店家老闆打聽。向西式酒吧的老闆請教「哪裡有美味的烤雞肉串店？」並不會破壞氣氛，或許也能從酒吧的其他客人得到情報。透過這樣的方式，就有機會把該區的好店一網打盡，因為好店會一家連一家。

重要的是，去了對方推薦的店以後，別忘了給對方「你說的那家店相當好吃」之類的回饋。這麼一來，對方就會樂於告訴你其他的好酒館。要用這個方法，首要關鍵是找到第一家好酒館。這一點務必要記住！

◉ 找出不同用途的店家

居酒屋對於單身的人來說，也是用餐的場所，加上美酒的魅力，所以常會人潮洶湧。在回家途中的居酒屋順道休息片刻，一面小酌，一面回想當天的工作或隔天的計畫，也不會覺得無聊。酒和場所都能帶來療癒效果。

為了不同的目的，口袋名單裡有兩、三家居酒屋，是邁向中級居酒屋通之道。比方說，在去久成為熟客的店家，和好友可以熱鬧開心地相聚；在店家認得出面孔的「準熟客」店家，可以作為一個人靜靜獨酌的場所。

發現一間好店時，不要逢人就宣傳。切記千萬不要告訴那些愛喝酒，喝醉會發酒瘋鬧事的傢伙。

蒐集好店的訊息

用連鎖效應找出好店。透過這個訊息蒐集資訊，很有機會把這個區域的好店盡納囊中。

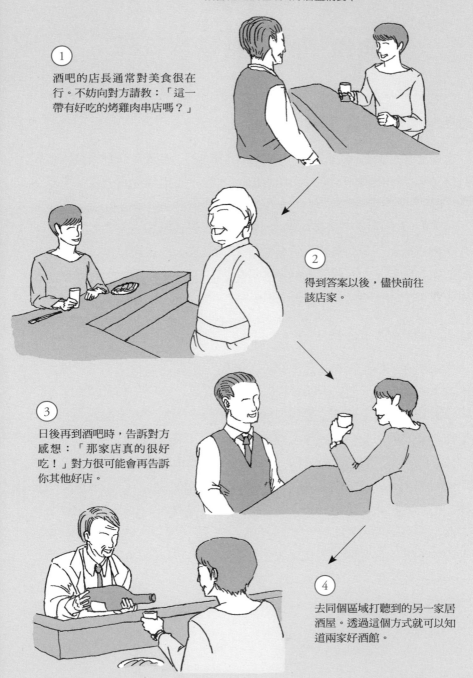

① 酒吧的店長通常對美食很在行。不妨向對方請教：「這一帶有好吃的烤雞肉串店嗎？」

② 得到答案以後，儘快前往該店家。

③ 日後再到酒吧時，告訴對方感想：「那家店真的很好吃！」對方很可能會再告訴你其他好店。

④ 去同個區域打聽到的另一家居酒屋。透過這個方式就可以知道兩家好酒館。

酒館「熟客」有這些差異

◉ 熟客和常客看似很像其實不同

首先要注意的是，「常客」並不等於「熟客」。有時會看到某些人自以為是熟客而頤指氣使。店裡有這樣的客人在，不但氣氛會變差，品質也會下降。

酒館的客人同樣也會隨著歲月而老去。即使是熟客也不會永遠光顧。好店很清楚，一年內熟客大約會減少一到三成，所以會慎重款待初來乍到的新客人。其中有些店家的熟客會排擠第一次的生客，可以說是「被熟客搞垮的店」，這樣的店就不要去。

◉ 成為熟客就是這樣

所謂熟客，不只是常去店裡捧場，同時也能顧慮周遭而享受飲酒之樂的客人。例如點菜時當廚房忙碌願意稍微等候，能夠貼心體諒店家。

「新菜色試一下口味」等類似的免費招待，也是熟客才有的福利。要是找到喜愛的店家，在經常光顧後成為熟客，喝起酒來更開心。

比方說，點了鰹魚生魚片時，店家可能會提出建議，如「今天進的沙丁魚油脂更佳，比鰹魚更棒喔」，或是「要吃烤大腸的話，進貨日是星期一，那天點新鮮度最好唷」等享用美食的情報。了解客人的偏好，更是身為熟客的喜悅。

成為熟客的首要條件，就是要受店家歡迎。所以無論如何都不要忘了保持謙遜的態度。

普通客人	**熟客**

略過忙碌的店員，直接叫其他店員。或是等店員工作告一段落。

即使在店裡忙碌時，也能等候店員工作告一段落。

看著菜單及黑板上寫的菜色，點菜猶豫不決、無法決定，任時間一分一秒經過……

偶爾店家會端出客人沒點的推薦菜色。

在客人多的店裡，希望彼此讓一下座位時……

吃飽喝足時，能體諒其他等候的客人而讓出座位。

立飲屋的優點

◉ 最輕鬆、好親近的酒館

無座的立飲屋最棒的就是不需要拘束。從人事及店租節省下的費用花在食材上，以便宜的價格供應顧客好酒好菜。發現這樣的店家，是酒徒的樂趣。

比方說和同伴約好聚會，但比預定時間提早 30 分到，這時候不妨在立飲屋消磨時間。生啤酒一杯 400 日圓，現成的燉煮料理或馬鈴薯沙拉等基本款小菜大約 150 日圓左右。買單通常只收現金，基本上預算大約 1000 圓左右。在立飲屋待個 15 分鐘，喝一杯酒就結帳不足為奇，但到一般居酒屋比較難喝一杯就走。

近年來的立飲屋環境變乾淨，以往女性使用不便的廁所也改善了，開始大受女性客人喜愛。

◉ 立飲屋才有的禮節及規矩

正因為出入容易，所以立飲屋生意興隆也不意外，再怎麼說都是愛喝酒的大叔天堂。而且因為和店家的距離比一般餐飲店來得近，所以在同一家店裡的客人，也會不可思議地產生情感連結。

當店裡擁擠不堪時，為了方便下一個客人，若無其事地把位子讓出來，客人間會保有類似這樣對他人的體貼。站在吧台的客人挪出空間，彼此肩挨著肩站成一排，就像團員站成一排演唱的著名合唱團「DARK DUCKS」，因而衍生出「DARK」這個詞來表現這種肩並肩的文化。

或許立飲屋會給人就是要來這豪飲的印象，其實不少店都設有燒酎類的烈酒最多只能喝三杯的規定。正是因為客人都站著，更要嚴防他們喝過多酒。

人多人少都能開心喝的立飲風格

吧台以一人客為主，如果客人很多，大家就挪一挪騰出空位吧！

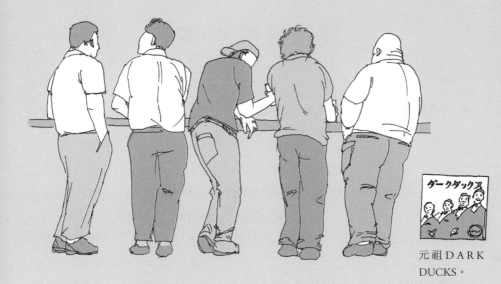

元祖DARK DUCKS。

兩人立飲

有些立飲屋會在牆旁設置高桌，空間剛好適合兩人喝酒。

三人立飲

店裡設置的汽油桶桌，三個人圍著喝酒也很輕鬆愉快。

適合獨酌的酒館

◉ 如何辨別歡迎一個人消費的店家

　　一個人去咖啡廳或定食餐館再普通不過，但一個人進酒館似乎就有點門檻了。為什麼呢？是因為很難從外觀了解店內的狀況？還是擔心無法融入店裡的氣氛？或是店裡充滿熟客所以可能會很緊張？……的確有這種一個人難以進入的店家，但也有許多歡迎一個人的酒館。

　　辨別方法很簡單，一是選擇正面較狹窄的店家，店家正面越寬廣，表示越歡迎兩人以上的客人，店門小巧的店家比較能讓單身客待得舒適；二是窺看一下店內，觀察是否有單獨的客人？還是以喧鬧的團體客人為主？如果店裡以吧台座為主，只有店主、老闆娘及一、兩個店員，氣氛感覺可以輕鬆單獨進入最理想；三是招牌、門口的菜單不會特別華麗。這是因為店家深耕在地，如家族經營般、減少商業氣息的經營方式。

◉ 進店要注意的事項

　　獨斟的優點，是可以自由自在地隨性喝酒。只點自己喜歡的料理吃，不需要配合別人，盡興了買單就能拍拍屁股走人等優點。至於是否符合這些條件，很多時候只要進了店一試就知道，所以只能多嘗試一些店家。

　　除了點菜以外店員不會再來打擾，感覺很舒服。話雖這麼說，有時店家稍微搭話，閒聊一兩句也頗讓人開心。

　　因此，口袋名單中最好能有一間適合獨酌的熟悉店家，以及一間店面寬敞、能容納眾多客人但獨酌不受干擾的店家。根據當天的心情，一個人喝酒卻能偶爾閒話家常，或是一個人邊喝酒邊靜靜沉思時，都有可以因應獨酌心境的去處。

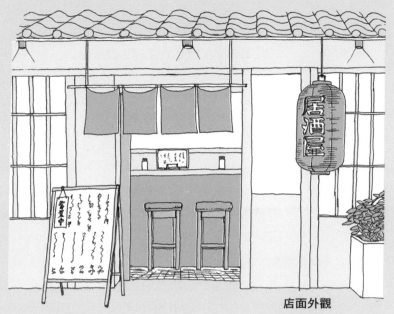

店面外觀

店家正面狹窄、小巧。不妨
窺探一下店內的情況。

待客

除了點菜以外,在某個程度
上能不受干擾的獨酌,讓人
很舒服。

不同類型的酒館

● 酒館可以大致分為四類

　　邊走邊觀察鬧區的招牌、暖簾、入口附近的狀況，就會發現酒館種類很多，如居酒屋、黑輪店、大眾料亭（大眾割烹）等。本書介紹的酒館大致依照以下分類，但實際上並沒有明確區隔，去多了就明白很多都大同小異。

・居酒屋（大眾居酒屋、大眾酒場）

　　紅燈籠及暖簾是標識。店名加上「大眾」的店家，氣氛比較輕鬆。另外，有些雖然不叫居酒屋，卻是不折不扣的居酒屋。能夠迅速應付大量點餐的「ㄈ」字型吧台座是顯著特徵。基本上什麼下酒菜都有，但是喜愛該店特色的燉煮、生魚片、炸物等料理的客人也很多。

・烤肉臟串、黑輪店、烤雞肉串店（モツ焼き屋、おでん屋、焼き鳥屋）

　　主要的下酒菜大刺刺掛在店頭的特色料理專賣店。也就是說，雖然是居酒屋，卻只供應獨特的菜色，尤其是一般居酒屋無法提供的稀有部位更是強項。不過要小心某些擁有狂熱粉絲，以及近年因為觀光客增加而一位難求的店家。

・大眾料亭、小料理屋

　　和毫無矯飾的居酒屋相比，內部裝潢較為講究，會用竹子或石子布置，歡迎夫妻等喜歡寧靜氣氛的客人。不過，也有不少店家在一進門後會發現和居酒屋沒什麼兩樣。

・立飲屋

　　正如其名，是站著喝酒的居酒屋。相較於在那悠閒地慢慢喝酒，更適合打發空閒時間，另外，立飲屋和在販賣酒類的店家設置可站著喝酒的「角打」不同，要小心。

形形色色的酒館客人

烤內臟串店

想品嘗部位稀有的新鮮內臟，特地不遠千里而來的年輕客群增加。

居酒屋

擠滿結束一天工作的上班族，有些店家裡滿滿住在附近的老年人。

立飲屋

勞動階層、業務員等只要千圓預算就能喝個盡興。根據店面氣氛不同，有些店能看到女性聚會的身影。

大眾料亭

知性的小資情侶。食欲旺盛的女性正在品嘗醬煮金眼鯛。

黑輪屋

看起來很年輕的情侶。給人「用餐勝過喝酒」的善良小市民印象。

正確的居酒屋點菜方法

◉ 點下酒菜的基本方法

一坐下來先決定點什麼酒？「無論如何先來杯啤酒」也可以，總之盡快點杯飲料，下酒菜就等酒送來以前再決定。咕嘟咕嘟大口喝下啤酒一解喉嚨乾渴後，店家送上隨酒小菜，一面確認基本菜色及店家的得意料理，一面先點燉煮料理、馬鈴薯沙拉等不怕踩到地雷，又能迅速上菜的料理。如果不知道該點什麼，涼拌豆腐、醬菜雖然也是不錯的選擇，不妨點一道店裡的特色料理。看黑板上的「今天推薦菜單」最快。

也可以先問「有沒有黑板沒寫的推薦菜色？」有時候因為數量不多，店家不會寫出來。運氣好的話，也可能遇到「有一些鮪魚中腹肉，算你半價」的情況。

◉ 點菜時應注意事項

烤雞肉串或炸物等費時費工的料理，應該要先點。和能立刻上桌的菜色一起點的話，就能避免等一下桌上一道下酒菜也沒有的窘境。另外，可以從店內其他各桌客人常點的菜色，得知什麼是該店的特色料理，受歡迎的菜色有時很快就賣光，所以要特別留意。

此外，下酒菜不要一口氣點完，因為每家店的份量會有差異。還有，點菜時，先決定好再告訴店員，與其猶豫不決讓店員在一旁乾等，不妨聽聽對方的推薦菜色。

某些店有獨特的規矩，並不適用一般基本通則。比方說，「點菜時要寫在紙上交給店員」、「串烤以〇串為單位」、「如果不加點酒類時就要結帳」等規定。或許會覺得有些不合理，不過居酒屋本來就很有個性，希望你能放寬心情享受居酒屋文化。

酒館的點菜時機

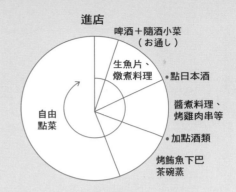

進店

啤酒＋隨酒小菜
（お通し）

生魚片、
燉煮料理 ·點日本酒

醬煮料理、
烤雞肉串等

·加點酒類

烤鮪魚下巴
茶碗蒸

自由
點菜

① **進店後2分鐘左右**

先點飲料及能立
刻上桌的餐點。

② **3分鐘後**

隨酒小菜上桌後，醬菜不久
就會跟著送到。

③ **5~6分鐘後**

切好就可以裝盤的生魚片和
燉煮料理上桌。

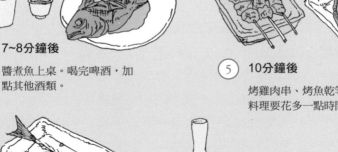

④ **7~8分鐘後**

醬煮魚上桌。喝完啤酒，加
點其他酒類。

⑤ **10分鐘後**

烤雞肉串、烤魚乾等燒烤類
料理要花多一點時間製作。

⑥ **20分鐘後**

燒烤類料理吃光後，烤鮪魚
下巴、茶碗蒸等上桌。別忘
了再追加點酒。

正確的居酒屋飲酒方法

◉ 喝酒要痛快就要懂禮節

「第二杯要喝什麼呢？」一面品嘗第一杯酒及下酒菜，一面思考下一杯要點什麼酒，是酒徒的一大樂趣。邊細細品嘗隨酒小菜，邊看著菜單斟酌，或是問問看隔壁桌的人點什麼下酒菜，如果看起來頗為美味就搭順風車點跟著吃也是個好方法。

不過，跟鄰桌的人攀談時，注意以不干擾對方的程度為宜。尤其是第一次去的店家，更要注意別惹店主或熟客討厭。

不自以為俏皮地眨眼、不過度攀談等都是該有的禮節。如果希望交談愉快，就要注意不要談論讓對方不愉快的話題。

手邊的酒沒了，或考量情況差不多時就追加。如果是對酒很講究的酒館，不妨問問看哪些酒適合已經點好的下酒菜。

◉ 喝酒時應注意的事項

喝酒時要注意的是恪守適合自己的節奏。或許鄰座的人會勸酒，「來，請喝一杯」，但還是要適可而止。有些酒館並不歡迎客人分享彼此點的酒。另外，不論多麼開心，不要酒喝得只剩杯底朝天還只顧著聊天（店家不能收拾是很大的困擾）。偶爾會看到有些客人不喝酒只顧著聊得沒完沒了，要注意別讓自己也成了其中一份子。

深諳居酒屋的內行人，懂得留意店裡的氛圍。客人絡繹不絕時還賴著不走就太不上道了，把位子讓給下一個客人，成熟大人該具備的修養對店家而言是件值得感謝的事。在微醺狀況下離開，下回就能毫無顧忌地上門。如果希望能和店家建立良好的交情，首先就要記住這些基本事項。

在店裡喝酒的眉角

◎ 先點杯酒及可以立刻上桌的小菜。或是請店員推薦。

✕ 自顧著炫耀，胡亂向鄰座的人攀談很失禮，要懂得衡量當下的氣氛。

◎ 即使鄰座的人勸酒也要適可而止。有些店家禁止這種行為。

✕ 酒館就是喝酒的場所，如果不喝酒就去家庭餐廳。

白天也能暢快喝酒的方法

◉ 前往白天就開始暢飲的熱鬧區域

近年來，大白天就開始暢飲的人增加。你沒看錯，酒館不再只是夜晚才有人潮。比方說淺草、上野等，可以說是白天飲酒的聖地，從週間上班日的白天就光明正大地開喝，我也實際去體驗過。

淺草有一條「Hoppy 通」離喧嘩的仲見世不遠，裡頭有許多賣燉煮料理的店家。店家座席延伸到路上，有攜家帶眷的客人，也有情侶，氣氛一片祥和。來到這裡，千萬別錯過代表 Hoppy 通的〈Shouchan〉燉牛肉。

上野則是以 JR 高架橋下為最有名。初次前往的客人，大概會被這裡喧鬧的氣氛嚇一跳。燉煮馬內臟聞名的〈大統領〉、立飲的〈滝岡〉（たきおか）等，密集聚集了從大白天就開始營業的店家，但不論哪家店幾乎都座無虛席。不論男女老少都似乎神情愉快地把酒言歡，可以說是酒徒天堂。

◉ 假日白天到非平日活動範圍的區域小酌兩杯

白天喝酒的族群，多是自營業、老年人、情侶……雖然也有看似業務員的客人，但如果是上班族，就變成會在上班時間內飲酒，所以並不建議白天喝酒（無可奈何的時候，務必慎重，以避免發生意外困擾）。

午後兩、三點喝酒的暢快感，可以藉著假日體會看看。不妨特地安排到非平時活動範圍的區域感受一下。

想在白天痛快暢飲、放鬆心情，兩個人前往比獨酌更佳。點酒精濃度低的沙瓦，儘可能慢慢品嘗，因為有些店可能會一邊準備晚上的料理，慢慢喝到天色變暗，然後再放開來喝也是不錯的方式。

白天暢飲的林林總總

淺草Hoppy通（ホッピー通り）

又叫做「燉煮料理通」，不論白天夜晚都有喜愛Hoppy和燉煮料理的酒徒聚在這裡。也有賣生Hoppy的店家。

燉牛肉〈Shouchan〉（正ちゃん）

甘甜的滷汁和滑嫩的豆腐配著一起吃非常美味，很適合啤酒或Hoppy。

上野JR高架橋下

JR上野站徒步3分鐘。從阿美橫走進去，就可以看到大白天喝酒的熱鬧人群，不知情的人還會誤以為有祭典，讓人驚訝！

新宿回憶橫丁（思い出橫丁）

位於JR新宿站西口旁的酒館巷弄，匯聚了從菜鳥級到老鳥級酒徒各有所好的酒館。

千圓買醉的暢飲法

◉ 一、兩張千圓鈔就能買醉的店鋪

「價廉物美」的居酒屋越來越多，其中特別有人氣的就是「千圓買醉系列的居酒屋」。所謂的「千圓買醉」，是指「只需 1000 日圓就能喝到酩酊大醉」（實際上可能要花到 1500 日圓左右），總之就是價格特別便宜的店家，順帶一提，這種說法出自已故小說家中島羅門，在他到處品嘗美酒的散文作品中第一次出現。

千圓買醉的最大魅力是價格便宜。200 日圓以下的菜單種類極多，點三杯酒加三道下酒菜，只需一張千圓鈔票。受歡迎的店家裝潢通常是居酒屋ㄈ字型的吧台座結構或立飲，菜單則是嚴選食材或細心烹調，又或者是地方上的大眾美食等。

◉ 千圓買醉的正確運用方法

在千圓買醉的店裡只要花 1000 日圓就能暢飲，讓人有賺到的感覺。就算是第一次也能輕鬆入座，不需要刻意擺闊。但是相對的缺乏慢慢品嘗的氣氛，所以最好專心喝完吃完就買單走人。如果是空間較大的店，聚餐後一堆人續攤不必預約就能進去，也是千圓買醉店家的優點。上班族如果有一、兩家口袋名單會相當方便。

此外，也可以把巷弄中的「○○食堂」當作千圓買醉店家。定食的配菜很適合當下酒菜，通常都會提供瓶裝啤酒及氣泡酒。食堂不像一般酒館會送上隨酒小菜（就算有，通常是免費的），因此相形之下花費較少。保留昭和懷舊風情的定食屋並不少，不妨前去品嘗看看。

千圓買醉組合範例（依價格區分）

1000圓以下
高圓寺的〈晚杯屋〉

生啤酒
410日圓

Highball
290日圓

+

燉煮料理
130日圓

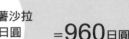

馬鈴薯沙拉
130日圓

=**960**日圓

1000圓～1200日圓
赤羽的〈Ikoi〉（いこい）

生啤酒
360日圓

Highball
190日圓

檸檬沙瓦
230日圓

+

炸竹筴魚
150日圓

鮪魚 130日圓

通心麵沙拉
110日圓

=**1170**
日圓

1200日圓以上
西新宿的〈大野屋〉（おおの屋）

檸檬沙瓦
250日圓

Highball
250日圓

燒酎兌冰
250日圓

+

牛頭、橫膈膜肉、
牛舌 270日圓

炸牡蠣 200日圓

起司半平
150日圓

涼拌豆腐
100日圓

=**1470**
日圓

※依據2016年8月價格製表。

什麼是「角打」？

◉ 對酒徒來說形同綠洲的地方

所謂「角打」，就是在販售各類酒的店鋪（日本稱為酒屋、酒販店），設置空間可以讓客人在現場站著喝，是最簡化的酒館（或用來稱呼這種飲酒方式）。

原本是販賣酒的店鋪，卻借客人酒杯（枡），讓客人可以在店內飲用原本秤重販賣的酒。有種說法是起源於北九州，但並未證實。

一般是在酒鋪的賣場內，設置小吧台，或以啤酒箱堆疊成桌子，讓上班族在下班後可以輕鬆地喝一杯。雖說是喝一杯的程度，不至於有客人喝醉酒吵鬧，不過以氣氛來說，並不適合年輕女性前往。店家通常都以副業的方式經營角打，也因此會有一種在這才能享受的放鬆心情。

◉ 不要期待得到如同居酒屋般的服務

下酒菜主要是罐頭、乾果類食品，也就是一般酒鋪販賣的食物，有些店也會販售「Yotchan 魷魚片」等懷舊零嘴。部分店家可能會跟居酒屋一樣供應馬鈴薯沙拉、烤魚等可以事先做好、立刻上桌的菜色，但通常是採取讓客人自行從玻璃櫃拿取的自助式服務。

酒類則主要是以不到 200 日圓的罐裝啤酒、燒酎調酒（Chu-hai）為主，下酒菜則大約不到 100 日圓，是眾酒館當中最便宜的。費用通常是採「一手交錢一手交貨」，所以在發薪日前夕，是個相當便利的去處。

不過，酒鋪雖然賣酒，卻不是讓客人喝酒的地方，道地的角打只能吃吃罐頭或乾果，所以不要指望能提供如居酒屋一般的服務，先有這個心理準備再去吧！

角打

內部陳設

只有在酒鋪一角設置能喝酒的地方，所以有些地方很不起眼。

罐頭、乾果零食

下酒菜基本上只需打開罐頭或包裝袋就可以吃了。

自助式服務

其中有些店鋪會提供事先調理好，從冰箱取出就能吃的小菜。

度過愉快獨酌時光的要訣

◉ 文庫本、體育報都是好同伴

說是「獨酌的同伴」，指的卻不是酒或下酒菜。完全沉浸在美酒佳餚的世界是一種樂趣，有時也不妨邊滿足口腹之欲，邊閱讀書報雜誌。

車站前的大眾酒場時常可見一旁放著體育報，讓客人邊看邊享受獨酌樂趣，上了年紀的好酒之徒，口袋裡裝一本文庫本再上門吧！

如果是在咖啡館，閱讀內容有點難度也無妨，但在酒館閱讀還是選擇稍微輕鬆一點的內容比較合適。視線靜靜追逐著文字，不用擔心隔壁座位的客人攀談打擾，或是一個人而感到無聊。

但是太過專注在閱讀的世界也不太理想，難得來享受美酒佳餚，偶爾還是把目光放在美酒、美食或店內的氣氛上吧！

◉ 酒館最速配的讀物

輕薄簡短的散文不會造成閱讀上的負擔，讀到一個段落就中斷也無所謂，比方說，熱愛杯中物的大叔必讀的書籍，總免不了嗜酒同好者所寫的，像是內田百閒的《御馳走帖》、吉田健一的《酒餚酒》、池波正太郎的《散步時就嘴饞》、山口瞳的《嗜酒的自我辯護》等，經得起一讀再讀的作品。

另外，體育報同樣也不需要太花腦筋，賽馬預測等也是種樂趣。閱讀漫畫、動漫雜誌的大叔時常可見。也有些客人兩眼直盯著店裡的新聞節目或棒球賽、相撲現場轉播，為了看電視而來小酌一杯的客人相當多。和陌生人一起邊喝酒邊看電視，其實也頗有一番樂趣。

《散步時就嘴饞》
池波正太郎 新潮文庫

精彩文句

> （前略）悠閒漫步地購物，到便宜又
> 好吃的店家吃點東西，這般度過時光
> 是一大樂事。
> （昭和52年12月）

《酒餚酒》
吉田健一 光文社文庫

精彩文句

> 其實，酒館牆壁有些斑駁最好。也就
> 是說，在家喝酒必須在意繳稅等這些
> 煩瑣的事情太多，而且酒足飯飽還得
> 收拾很要命，索性出門去喝（後略）
> （昭和49年7月）

《嗜酒的自我辯護》
山口瞳 筑摩文庫

精彩文句

> （前略）再也沒有一件事，能勝過在
> 住家附近，有間像樣的居酒屋，在那
> 裡輕鬆喝酒更愉快的事了。
> （昭和48年3月）

《御馳走帖》
內田百閒 中公文庫

精彩文句

> 我對「某某地方有家店的酒不錯，
> 我們去喝兩杯吧」這樣的邀請，提
> 不起興致。對於像我這樣喝酒資歷
> 長的人來說，好酒不足以欣喜若
> 狂。（昭和21年9月）

在外地找到好酒館的方法

◉ 到外地用餐時該選什麼樣的店家

在初次旅遊的地點、或是到外縣市出差時，選擇在速食店或連鎖餐廳草率填飽肚子，就太可惜了。難得到外地一趟，最好還是選擇當地才品嘗得到的名產。所以不能錯過的店家，怎麼說都是居酒屋。

選擇非觀光名店、深受在地人喜愛的老店，尤其是精通當地美酒及食材的店家更棒，一定能品嘗到當地特色料理，不妨觀察一下開店前陳列在店門口的食材。愛喝啤酒的人要注意有沒有大瓶裝的啤酒箱。暖簾上也會寫出特色名產，不妨留意看看。

◉ 出外旅行發現好酒館的訣竅

由於交通便利的因素，即使到外縣市出差，也必須當日來回。這也成為中年上班族想要小酌一杯時的苦惱，因此，必須儘快找到一家好店。這種時候可以多加利用計程車。向計程車司機打聽哪裡有好吃的拉麵店是從很久以前就有的訣竅，其實好的酒館也可以向計程車司機打聽得到。

只不過，如果單單詢問「哪裡有好的酒館」，平時都在路上開車做生意的司機未必清楚酒館滋味如何。因此，向計程車司機打聽時應該詢問「哪一家店平時客人很多」、「乘客常去的酒館是哪裡」，計程車司機接送酒館客人的機會很多，自然會清楚哪些酒館受歡迎。我就曾有經驗，司機帶我去了一家偏離酒館林立街道的店鋪。

「寫滿整排有名的當地好酒！
嗯，這裡的日本酒一定很棒！」

食材

開店前在店面前堆
滿了保麗龍箱的鮪
魚，看樣子從市場
批來了新鮮漁貨。

啤酒箱

瓶裝啤酒，而且是大瓶裝的
箱子，喜愛的品牌也不妨藉
此確認一下。

暖簾

就算店裡沒有菜單，暖簾
上也寫滿了招牌料理。

買單的型態

◉ 對客人和店家都有利的方法

首先要記得立飲屋大多都是一手交錢一手交貨。把錢放在小碟子或盒子裡，店員從中拿取所需的費用，需要找零錢時再放回。對客人來說，是一種點菜預付的方式，反而不需要擔心結帳時荷包捉襟見肘；對店家來說，優點則是可以節省最後的結帳程序。光顧這種店時，基本上要準備千圓鈔票及一些零錢。

另外，採均一價的千圓買醉居酒屋，則多數使用票券制。比方說1000日圓可以買到價值1100日圓的票券，每一次點菜時撕下需要的張數就可以，不但進出方便，又可以享有100日圓優惠。

◉ 出乎意料的結帳形式

在酒館的ㄈ字型吧台座，常可見到店家準備好不同顏色的牌子，用100日圓為單位分隔，每當客人點菜時就放在桌面上。比方說，100日圓是黃色，200日圓則是紅色等，如果點300日圓的小菜時，則使用一張黃色及一張紅色牌子放在客人前面，結帳時只要計算牌子即可。

另外，也有酒館用盤子外形來區分不同的料理價格，或是在帳單上印出以50日圓為區隔的欄位，客人點菜時就打勾的計算方式，充分表現出各個店家的特色。

吃完的碟子店家不會立刻收走，似乎讓人感覺服務不佳，不過，暢飲之際完全不必管菜單金額，而是最後再計算碟子確定點了多少菜，所以吧台上擺著好幾個啤酒空瓶的景象，也是酒館的特色。

居酒屋才看得到的買單型態

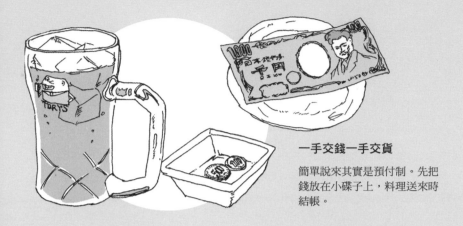

一手交錢一手交貨

簡單說來其實是預付制。先把錢放在小碟子上，料理送來時結帳。

票券制

先買固定金額的票券，點菜時以票券支付。有些會有100日圓的優惠。

創意帳單

畫掉點菜的金額，結帳時計算畫掉的數字金額即可（京都的〈京極Stand〉）。

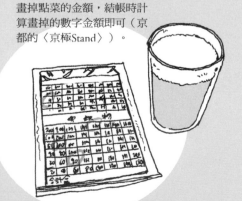

塑膠牌子

依照金額區分不同顏色的塑膠牌，點菜後放在客人面前。

～在蕎麥麵店喝酒～
新鮮腐皮、芥末山藥泥和爛酒

　　如果要在蕎麥麵店喝酒，只能在中午過後，時間大約是3點到4點左右。店門外的紅燈籠就是可以到店裡喝酒的時間。神田淡路町的〈松屋〉店裡，連大白天都很暗。這樣的昏暗是品嘗蕎麥麵與酒時不可或缺的。這家店的客人雖然絡繹不絕，但不至於到大排長龍的程度。不妨選擇中間一帶的座位，這麼一來，就可以透過靠近入口一帶的玻璃窗欣賞師傅製作蕎麥麵的手藝。

　　先點下酒菜——新鮮腐皮（生湯葉）和芥末山藥泥（都是650日圓）。芥末山藥泥是把日本山藥磨成泥淋上芥末醬油來吃。然後，無論如何先來杯啤酒。這裡提供SAPPRO赤星（大瓶750日圓），大口潤一下喉嚨。蕎麥麵老店就是讚，放眼看去，周圍的客人平均年齡在70歲以上，在一般就算是居酒屋老店不可能看到的客群，跟蕎麥麵店氣氛卻很搭。

　　在蕎麥麵店啤酒最多當然只喝一瓶就好，接著不用說應該是來壺爛酒（700日圓）。機靈的店家會立刻送上來，口中說著「小心，小心」邊將酒倒入酒杯，這時佐新鮮腐皮最對味。爛酒最多喝個兩、三壺，因為主角是蕎麥麵，點大份量的，盡快吃下肚，千萬別磨磨蹭蹭，蕎麥麵用來下酒也很合適。待在店裡的時間以一個鐘頭為宜，如果耽擱過久就太不上道了。走出店外，夕陽耀眼奪目，就是最恰當的時刻。

ILLUSTRATED

第 **2** 章

品酒、暢飲

下町Highball的傳說

◉ 下町Highball「三冰」才是王道

一說到平民酒館的招牌，那就是燒酎 Highball 了。一般簡稱為「酎 Hai」或「Chu-Hai」，在發祥地東京下町，則稱為「下町 Highball」、「元祖 Highball」，莫名帶著自豪的味道，另外，也有人只稱作「Ball」，感覺有點複雜。

在一般酒館點燒酎 Highball 時，每個店的習慣不同，有些用玻璃杯裝，有些則是倒入啤酒杯；有些會加入冰塊，有些則不加。和 Hoppy 一樣，「三冰」（冰過的玻璃杯、冰燒酎、冰氣泡水）才是王道，但多數店家都不會準備三冰。因此，嚴守正宗喝法的店家，會刻意自豪地在菜單上註明是三冰。不僅如此，還要加入帶有琥珀色的「神祕的液體」……這才是下町燒酎 Highball 原本的風貌。

◉ 趁著冰到透心涼時趕快喝

調酒方式是先將氣泡水加入燒酎，到這個階段還很正常，最後從專用的容器倒入神祕的液體（知道這個液體是什麼來頭，就證明是真正的熱愛者）。就是這個液體很可疑。液體、燒酎、氣泡水的黃金比例據說是 1：2：3，但不見得會嚴守這個比例。據說燒酎和液體先混合好備用，口感會比較溫和。像這些外行人覺得莫名其妙的地方正是形成傳說的原因。

雖說有基本的調酒方法，但氣泡水或神祕液體的產品種類很多，因此酒館的燒酎 highball 味道各有不同。有些店氣泡水味道特別強烈，有些則是燒酎格外濃厚。運氣好遇到少有的三冰下町燒酎 Highball 時，要是磨磨蹭蹭就不夠冰，趁冰得透心涼時快喝吧。

下町燒酎Highball

原本高球酒（Highball）是指威士忌加氣泡水，把威士忌換成燒酎，就成了燒酎Highball，千萬不要跟威士忌的高球酒搞混了。

龜甲宮燒酎

宮崎本店（三重）的龜甲宮燒酎，一般稱為「KINMIYA燒酎」當作燒酎Highball的基底自然不在話下，直接飲用也別有一番風味。

神祕的液體

被稱為「濃縮液」、「糖漿」，調製燒酎Highball不可或缺的液體。除了天羽飲料製造的「天羽之梅」，還有其他數家公司製造販賣。

氣泡水

氣泡強的較受歡迎，而在居酒屋常見的是野中食品工業製造的「花月」、「KIKUSUI」，前者在網路上可以買得到。

身為配角的沙瓦

◉ 每個人都喜歡的大眾口味

　　酒館是一個邊喝酒可以邊品嘗美味的愉快場所。因此，能夠搭配任何下酒菜，以及適合不擅長喝酒者的酒中，最具代表性的就是沙瓦。如果說燒酎 Highball 是招牌主角，沙瓦就是各具特色的配角。沙瓦讓酒館充滿活力，據說在酒館飲用沙瓦的人占了八成左右。檸檬沙瓦、葡萄柚沙瓦、烏龍茶沙瓦等只要大約 250 日圓的低價，就能享用啤酒杯份量的酒品是一大魅力。因為只要把甲類燒酎和要兌的飲料及氣泡水按比例調製就能立刻上桌，正如許多人第一杯就點啤酒一樣，也有不少人第一杯點的是沙瓦。很適合搭配燉煮料理，而且點一杯就可以慢慢喝消磨時光。有些店家會推出比較特別的口味，如綠茶、青汁、可爾必思等，每家店可能會有獨創的沙瓦，至於好不好喝就無法保證了，這正是平民酒館的特殊魅力。至少可以成為談話的題材。

◉ ○○沙瓦和○○Hai是一樣的

　　順帶一提，有些店的菜單上寫的是檸檬沙瓦，有的則寫檸檬 Hai，其實是一樣的。差別只有當店家用來兌酒的材料是博水社電視廣告的「要調酒就用 Hai 沙瓦」時，就是○○沙瓦，而「○○Hai」則是「Highball」的簡稱。偶爾會在酒館看到較特殊的 Baisu 或 Hoisu 沙瓦（68 頁），不妨嘗試看看。

　　沙瓦帶有水果的酸味及甜味，喝起來順口，酒精濃度也低，所以最適合大口大口暢飲。如果是日本酒或燒酎就太烈了。偶爾不知道要點什麼時，不妨嘗試看看。

沙瓦的口味

檸檬
（レモン）

青蘋果
（青リンゴ）

巨峰葡萄
（巨峰）

梅子
（梅）

葡萄柚
（グレープフルーツ）

萊姆
（ライム）

芒果
（マンゴー）

柚子
（ゆず）

烏龍茶
（ウーロン茶）

香檬
（シークワーサー）

可爾必思
（カルピス）

綠茶
（緑茶）

檸檬、葡萄柚這兩大勢力長
年屹立不搖，但近年來綠茶
及香檬有成長的趨勢。

「無論如何先來杯啤酒」之謎

◉ 「無論如何先來杯啤酒」並不是規定

　　第一杯就先點啤酒的人很多，一開始先來一杯酒精濃度低的飲料潤一下喉，享受在居酒屋的愉悅時刻，不需要急著決定該點什麼才好，又可以趁這段時間研究菜單。當然，第一杯不是非點啤酒不可，但在炎熱夏季的傍晚，來一杯透心涼的生啤酒，帶來的暢快感難以取代。啤酒的酒精濃度比其他酒類低，很容易咕嘟咕嘟大口下肚，也很適合回家途中稍微喝一杯放鬆。不過，不知其所以然只是人云亦云地點生啤，就沒資格說是居酒屋迷。究竟瓶裝啤酒和生啤酒有什麼不同呢？

◉ 瓶裝和生啤內容相同

　　生啤酒的「生」指的是未經加熱處理，而日本啤酒幾乎都是生啤酒。之所以需要加熱處理，是為了防止讓啤酒發酵的酵母產生作用導致啤酒變苦。現代因為過濾技術提升，已經可以有效防止繼續發酵。也就是說，只有裝瓶或裝入酒桶的差異。

　　但是，有一點必須注意。

　　好喝的啤酒需要二氧化碳施加適當壓力，但是打開啤酒桶栓蓋時二氧化碳會跑掉，所以必須徹底清潔管理才不會走味。到第一次到訪的店家，首先必須確認點了是否能立刻送上桌，如果不能馬上來，不如點能立刻喝完的瓶裝啤酒才是居酒屋迷的常識。

瓶裝啤酒及生啤酒的CP值比一比

瓶裝啤酒（中瓶）
容量500毫升

POINT

7：3的泡沫
是關鍵

生啤酒（中啤酒杯）
容量350～500毫升

生啤酒因為泡沫，份量會少一些。因為7：3的泡沫比例，所以500毫升的啤酒杯，也只能裝350毫升（差不多是小瓶裝334毫升的量）。如果價格差不多，點瓶裝啤酒會比較划算。

啤酒分三次倒入

對方想為你倒酒時

兩個人一起喝酒，常會有為對方倒酒的習慣，但這麼一來難得的好酒卻可惜了。不妨拒絕對方，自己倒酒吧！

STEP1

盡可能從高處往杯子裡倒，一開始慢慢倒，中途一口氣加快速度以便產生泡沫。

STEP2

泡沫大約到杯中一半時，從杯緣分兩次慢慢倒入。

STEP3

小心不要讓綿密的泡沫消失，把酒倒滿，泡沫滿出杯緣上方2公分左右最佳。

居酒屋才有的稀有啤酒

● 酒徒熱愛的Sapporo「赤星」

不少熱愛居酒屋的啤酒迷喜愛特定的品牌，像是 Super Dry（朝日啤酒）、麒麟 Lager 啤酒、麒麟一番搾、Sapporo 黑標黑啤酒、Sapporo 惠比壽啤酒等代表性品牌。

其中尤其受到熱愛的是 SapporoLager 啤酒，一般稱為「赤星」。誕生於 1877 年，是現存日本最古老的啤酒品牌，星形商標從誕生時到現在都沒變。外觀給人的懷舊感很棒，超市沒賣，也沒有宣傳廣告，可以說是只有在酒館才能喝到的稀有品牌。在日本啤酒當中，目前是少見經熱處理的風味，和誕生之際不同，極富深度及恰到好處的苦味是一大特徵。能夠遇到這個赤星，會讓酒徒欣喜若狂。因為提供赤星的店家並不是很多，如果有幸遇到了，千萬不要錯過。

● 獨特風味的黑啤酒

黑啤酒熱愛者，或偶爾想嘗試黑啤酒的居酒屋迷也相當多。黑啤酒和一般啤酒的差異在於原料是深色麥芽。在日本能釀造的黑啤酒原本就有限，所以有些店家並不提供黑啤酒。

黑啤酒的最大特色在於口感溫和醇厚且餘韻清爽。或許很多人對黑啤酒有「受不了苦味及香氣」、「酒精濃度太高」等先入為主的想法，不過和一般啤酒比，黑啤酒更能品嘗到麥芽風味，而且不只能搭配肉類，也能搭配海鮮。也可以和普通啤酒調比例各半的方式飲用。

發現了就喝看看

「赤星」稀少的原因 ①

在超市或便利商店不用說，連一般酒鋪的貨架上也很少見（網購可以買到20瓶裝的赤星）。

「赤星」稀少的原因 ②

只販售大瓶及中瓶裝（罐裝有時以限定的方式販售）。

「赤星」稀少的原因 ③

廠商很少宣傳，內行人才知道。

「赤星」稀少的原因 ④

在居酒屋也很少見，要是遇上了真的很幸運！

SapporoLAGER「赤星」

下町酒館的基本款。獨特濃厚及強烈的口感是一大特徵。應該和同樣是Sapporo釀造的「黑生」比較看看。

當然先從燉煮料理開始。

5 : 5

跟簡單的炒五花肉等口味較濃郁的菜色也很搭。

普通啤酒和黑啤酒以比例各半的方式飲用。不少店家也提供健力士黑啤酒。

Hoppy的四種變化

● 點Hoppy的基本方法

Hoppy 可能是唯一能夠讓客人感受到「自行調製」的酒。多數情況是在啤酒杯裡倒入冰塊和少量燒酎，然後拔開 Hoppy 瓶蓋給客人。要倒多少 Hoppy 隨意，不論要濃或淡，都可以隨個人喜好。有如啤酒般微苦的口感及燒酎混合的獨特風味，喜愛的人相當多。

接著，喝完一杯時 Hoppy 多半還有剩，不妨再追加燒酎。追加點酒時，燒酎是「裡」（ナカ），Hoppy 則是「外」（ソト）。燒酎不夠時，告訴店員：「請給我裡」；Hoppy 不夠時則告訴店員：「請給我外」就可以。價格大約都在 200 到 250 日圓左右，追加燒酎時不會出現給你滿滿一杯燒酎的好康，多半會摻了大量冰塊。

● 形形色色的美味Hoppy

好喝的 Hoppy，就像在介紹燒酎 Highball 所提，「三冰」最為理想，但提供的店家並不多。要是運氣好，在菜單上看到了，就點來喝喝看。倒 Hoppy 的訣竅是一股作氣。這時候如果跟店家說「請給我攪拌棒」，可能會被投以「門外漢」的注目禮，所以要特別注意。另外，把燒酎冰到成冰沙狀的「極凍冰沙沙瓦」的 Hoppy，如果在店裡看到，千萬不要錯過。

大概只有狂熱的粉絲才知道生 Hoppy 的存在，是先把燒酎和 Hoppy 混合，從酒桶倒進啤酒杯給客人。綿密細緻的泡沫只有生 Hoppy 才做得到。以上介紹的就是 Hoppy 的四種變化，全部都品嘗過的人或許不多，希望你至少可以品嘗兩種看看。

這才是Hoppy的風格

三冰

把啤酒杯、燒酎、Hoppy冰鎮到透心涼的狀態，趁還未退溫時盡快飲用是基本原則。

標準版

燒酎倒入啤酒杯，有的則會另外給杯子。加點時，燒酎為「裡」，Hoppy稱為「外」。

極凍冰沙沙瓦（シャリキン）

燒酎冰鎮到呈冰沙狀再兌來喝。提供的店家比提供三冰的更少。

生Hoppy

有如生啤酒般直接從酒桶倒入杯子後飲用，因為極為少見，只要看到了務必一試。有白Hoppy、黑Hoppy和一半一半（黑及白）。

外〇內〇

Hoppy一瓶兌三杯「裡」（燒酎），稱為「外一裡三」；如果是四杯燒酎，則稱為「外一裡四」。認為點一瓶Hoppy能兌較多的燒酎比較划算，是酒徒的證明。

外　　　　　　　　　裡　　　　　裡　　　　　裡

日本酒的種類
具代表性的四種類型

◉ 用釀造酒精的比例多寡來大致區分

時間充裕想要細細品嘗美酒滋味的話，日本酒是最佳首選。不過，就算是日本酒，不同酒館供應的方式也不同。有些店偏好只供應一種日本酒，有些店家則齊備日本各地的產地酒。能夠了解以下重點，或許就比較容易從品項繁多的日本酒當中選出自己喜好的風味。

首先在價格偏低的酒館供應的是普通酒。有別於以下會說明的純米酒，除了米、米麴，並添加 10% 以上的釀造酒精。另外，有些日本酒則混合了糖類或酸味料。昔日稱為「Aru 添」（添加釀造酒精的清酒），被認為是容易醉酒頭痛的代名詞，不過近年來也出現不輸吟釀、添加釀造酒精的普通酒，讓人十分期待。

◉ 特殊名稱酒是講究的日本酒

仔細研究日本酒供應品項較多的店家菜單，應該會發現分成純米酒、吟釀酒、本釀造三種型態的日本酒（特殊名稱酒），照規定調整口味使用的釀造酒精添加量必須在 10% 以下。這些不同特殊名稱酒的釀造法及口味的特徵如下。

純米酒是原料只用米和米麴釀造，能夠品嘗到原料米濃厚香甜盈滿口中的芳醇。吟釀酒則是精米比例在 60% 以下，經過「吟釀製造」費工的高成本製程，特徵是帶有蘋果般的果香，風味輕盈。本釀造則是精米比例在 70% 以下，接近純米酒的風味，能品嘗到更輕盈溫和的風味。其他還有大吟釀、特別純米酒等，依照原料、精米比例等差異而細分成八個種類。

普通酒

冷酒或熱燗都很合適的「賀茂泉　綠泉」（廣島），口感極為清爽。喜愛「喜久醉」（靜岡）微甜順口的粉絲很多，一般餐飲店也常有供應。

本醸造酒

怎麼喝都不覺得膩的基本款清酒「本仕込浦霞」（宮城）口感柔和。「一之藏無鑑查本醸造辛口」（宮城）有甘口及超辛口兩種不同選擇，都在居酒屋備受注目。

吟醸酒

柔和的吟醸香氣的「八海山」（新潟），一般人都容易接受。「銀醸立山　吟醸」（富山）帶有果香而口味清爽，兩者都能表現出吟醸酒的優點。

純米酒

濃厚香醇的「菊水純米酒」（新潟）溫熱喝也很美味。「初孫　生元純米酒」（山形）則是運用天然乳酸菌醸造，餘韻且有深度且清爽。

品味日本酒
數據無法呈現的細膩

◎ 日本酒度是最容易判斷甜或辣的參考

常聽到有人說，雖然喜愛日本酒，但是「只喝清爽的淡麗辛口」、「有深度的芳醇甘口比較好喝」等。近年來辛口清酒似乎很受歡迎，和甘口究竟有什麼差異呢？

要區別是辛口（辣度）或甘口（甜度），最簡單的方式就是看日本酒背標所註明的日本酒度。日本酒度是把日本酒中的糖度含量以數值表現，使用特殊的分析儀器量測，以＋3.0或—1.0等數字標示。如果和水等重，日本酒度就是 ± 0，如果比水重就是負值，比水輕則是正值。一般而言，「+1.0～5.0」是中辛，「＋5.0以上」則是辛口。正值越大則辣度越高。

◎ 酸度不同味道也會不同

不過，這畢竟只是參考的基準，有時日本酒度是正值卻不覺得辣，或明明是甘口就微辣。影響日本酒風味的是口感，未必能百分之百用日本酒度來判斷甘口或辛口。

日本酒的味道會受到酸度影響而改變。酸度是表示日本酒在釀造過程中因為米等原料產生乳酸、檸檬酸、蘋果酸等含量，所以同樣會註明在酒標上。數值區間落在 0.5 ～ 3.0，數字越高越芳醇濃厚（辛口），越低越淡麗清爽（甘口）。

換句話說，即使日本酒度為 +5.0，也有可能因為酒中所含的酸度含量低而喝起來有甘甜的感覺，甘辛的標準無法單純用數字呈現。

看懂酒標資訊

正標

1
酒精濃度

多數是15度到16度左右，如果是純米酒，就會註明原料是「米、米麴」；如果是本釀造酒，則會註明「釀造用酒精」。

2
分類

註明「本釀造」、「吟釀」、「大吟釀」等特殊名稱酒的分類。

肩貼

非必要，通常會標記製造廠、分類等。有時也會斜貼。

背標

1
精米比例

吟釀酒在60%以下，大吟釀在50%以下。

2
日本酒度

以數值標示甘口或辛口，正值越高越辣，負值越大越甜。

3
酸度

數值區間落在0.5～3.0間，數字越大越芳醇濃厚辛口、數字越小越淡麗甘口。

4
製造年月

標示製造廠裝瓶的時間。在裝瓶的一年內品嘗味道最佳。

日本酒的飲用方式之一
享受獨一無二的溫度變化

◉ 因溫度而產生的味覺變化

日本酒溫熱了好喝，冰涼了好喝，甚至常溫也別有風味，可以隨四季推移享受自己喜愛的飲用方式。不妨根據氣候或菜色改變飲用方法。傳統上，純米酒及大吟釀要先冰涼了再喝，而本釀造要加熱再喝。日本酒造組合中央會的官方網頁，介紹了日本酒飲用的參考溫度，根據上面的介紹，輕盈滑順的酒適合在 6 ～ 10 度，或接近冰溫飲用。香氣稍濃的類型則適合 10 ～ 16 度，或是加熱了喝。濃厚的清酒則從 10 ～ 45 度都可以感受不同的口味變化。

不僅每一支酒的風味不同，飲用方式改變也會帶來不同風味，這正是日本清酒才有的真髓。

◉ 大吟釀也可以採爛酒方式飲用

香氣奢華的吟釀酒一般都是冰涼了再喝，但是喜愛溫熱再喝的人也不少，透過加熱能享受冰涼或常溫所沒有的酒香。

一般日本酒加熱後入口會更滑順，更能品嘗到甜味。加熱溫度則從「日向爛」（30 度左右）到「飛切爛」（55 度以上）有各種不同變化。一般來說，不妨點看看「暖爛」（40 度左右）或「熱爛」（50 度左右），多試試看了解自己偏愛什麼樣的溫度。另外，也不是點大吟釀就非得加熱才行（也有不適合加熱的大吟釀，根據不同店家供應方式也有不同）。供應適合加熱酒品的居酒屋逐漸增加，品嘗方法也開始廣為人知，可能是因為這個緣故，年輕的女老闆跟著變多了。

享受冷、熱、常溫變化

冰過最佳

(熱燗)(常溫) 都好喝

在居酒屋人氣高居不下的「〆張鶴 純」（新潟）屬於純米吟釀。澄澈的尾韻可以說是淡麗辛口的極致。

「飛露喜特別純米」（福島）甜味均衡恰到好處、口感高雅，能夠品嚐到甘甜果香般的酒香。

POINT
玻璃杯

運用傳統工藝而產生繁複花紋的江戶切子玻璃杯，適合飲用冷酒或啤酒。

加熱最佳

普通酒「綠川正宗」（新潟）是熱燗專用酒。稍微加熱後，能夠強化糯米香氣。

(常溫) 也好喝

扎實的口感、恰到好處的香氣，「銀盤 純米大銀釀」（富山）推薦常溫或暖燗後飲用。

POINT
燗德利
（日式溫酒瓶）

一般德利雖有陶製的，但若要加熱酒最好用磁器。因為磁器導熱較快，熱燗效果佳。

常溫最好

(熱燗)(冰涼) 都好喝

帶有沉穩安定口感及芳香的「菊姬 山廢吟釀」（石川）不論冰涼或暖燗都很美味。

(冰涼) 也好喝

點燃吟釀酒熱潮的「出羽櫻 櫻花吟釀酒」（山形），在口中擴散的酒香無人不愛。

POINT
超薄玻璃杯

拿在手上的輕盈感、接觸嘴唇時的纖細觸感，只有超薄玻璃杯才能做得到。是運用生產電燈泡的技術製成的玻璃杯。

日本酒的飲用方式之二
正因為愛酒更要堅持的流儀

◉ 有關枡酒的飲用方式

用日本檜木製成美麗的「枡」飲用日本酒，是更能沉浸在豪奢氣氛的飲酒方式。雖然在店內擺放「菰樽」（在酒桶外纏上菰草的酒樽）的並不多，不過在白木的吧台擺上枡，就像是為飲用日本酒設置的專屬空間。角打的傳統飲用方式，是在枡角放一小撮鹽，飲用時一起含進口中，能在飲酒時同時享受到檜木香，喜愛日本酒的話，請務必一試。

飲用枡酒時，正確的做法是把枡杯放在四根手指上，大拇指扶著其中一邊，不過在酒館常看到輕持著邊角飲用的人。另外，飲用時應該不是從角緣，而是從平邊才對，但是做不到也不必勉強。在酒館不妨忘了那些繁文縟節，不拘小節才是酒館的魅力所在。

◉ 枡酒不等於「溢滿酒杯」

把玻璃酒杯放入枡杯，再把酒倒滿，溢出到枡杯中的飲用方式，並不等於上述的枡酒。所謂的「溢滿酒杯」（溢滿酒杯前無止境添加之意），是為了取悅嗜酒者的一種表演。飲用方式是先扶著枡杯把酒杯湊近嘴邊，啜飲玻璃杯中的酒減少一些後，再把枡杯中的酒倒入玻璃杯即可。

也有很多店家不是用枡杯而是用小碟子，玻璃杯具用較厚的多角杯，有些邊角都磨圓了，這種充滿懷舊感的玻璃杯很適合價格不高的酒類。到下町的平民酒館時，有時可以看到瀟灑老爺爺用這種杯子一點點啜飲常溫酒，配燉煮物下酒，讓人不禁覺得酒變好喝了。

枡酒的飲用方式

日本酒行家的飲用方式。在枡角放一小撮鹽，和酒一起飲用。

枡杯持法

喝枡酒的正確拿法，是把枡杯放在四根手指上，大拇指扶著枡邊，但不需要拘泥這個拿法。女性不妨用另一手扶著飲用。

飲用方式

一般都是從邊角飲用，正確方式其實是從平邊飲用。

溢滿酒杯的飲用方式

① 溢出玻璃杯的酒流到枡杯中，光要把杯子拿起來都可能會潑倒。

② 維持放在桌上的狀態，以口就杯啜飲，讓溢出的酒稍微減少。

③ 拿著枡杯，先從玻璃杯中的酒開始飲用。

④ 把枡杯剩下的酒倒入玻璃杯中飲用。當然，也可以直接就枡杯來喝。

燒酎的種類、特徵
狂熱愛好者的忠誠支持

◉ 燒酎分為甲類及乙類

　　燒酎在日本酒稅法中，分為連續式蒸餾燒酎（一般為甲類，酒精濃度在 36 度以下），以及單式蒸餾燒酒（乙類，酒精濃度在 45 度以下）。比起日本酒主要是以稻米釀造，燒酎的原料則是五花八門。

　　首先是甲類燒酎，原料是紅甘蔗或雜穀搾汁，經過數次蒸餾而成。由於原料風味不足通常很少直接飲用，主要用於調製 Chu-hai 等沙瓦類的調酒，不過有名的「龜甲宮」（通稱 KINMIYA）口感清爽博得許多人喜愛，一般都直接飲用，是愛好者認定的正宗燒酎，尤其是在搭配烤豬肉串、烤內臟等不可或缺。有些酒館甚至只供應龜甲宮，足見這支酒受到店家及客人的熱烈歡迎。

◉ 難以到手的夢幻燒酎

　　乙類燒酎的原料是番薯、麥子、蕎麥、稻米、黑糖等，只經過一次蒸餾釀造。能夠充分品嘗原料口感及風味是一大特徵（以沖繩特產的米為原料的燒酎稱為泡盛）。其中也有少見的以栗子或烤番薯作為原料的特殊燒酎。這些統稱為「本格燒酎」，口感豐富多變。芋燒酎風味圓潤，帶著獨特的甜味。麥燒酎則有芳醇的香氣及淡麗風味。蕎麥燒酎帶有微微的香甜，喝起來很清爽。米燒酎的特色則是帶有稻米獨特的吟釀香及溫潤的風味。

　　本格燒酎中的「夢幻燒酎」、擁有狂熱粉絲的知名品牌「森伊藏」、「魔王」、「村尾」，通稱為「三M」，由於產量有限，是極難入手的三大夢幻逸品。甚至有一瓶數十萬日圓的高價，所以在一般居酒屋當然不可能看到，就算有也是天價喲。

在居酒屋大受歡迎的燒酎

龜甲宮除了分為酒精濃度20度及25度，容量則分為可以寄瓶的1公升瓶、720毫升、一次喝完的300毫升裝。

「寶燒酎」也是平民酒館常見的燒酎。姊妹作「寶燒酎 金牌」也已經問市。開始販售的店家正逐漸增加中。

朝日啤酒釀造的甲類燒酎「燒酎Daiya」雖然人氣不如KINMIYA、寶燒酎，但在一部分的酒館仍有忠實擁護者。

同樣成為點燃本格燒酎風潮的「富乃寶山」（鹿兒島），是一款連不太喜歡芋燒酎也會覺得順口的燒酎。

「赤霧島」（鹿兒島），是釀造人氣商品「黑霧島」的限定生產版。富香濃甜味的芋燒酎。

以屋久島名水釀造的「三岳」（鹿兒島），因為少量生產，並非到處可見，只有內行人才知道的芋燒酎。

代表大分麥燒酎的「二階堂」，清爽的口感任誰都會愛上。

在音樂聲中釀造出來的燒酎「田苑」，高雅溫潤的香氣，是入口滑順的麥燒酎。

將米的香甜發揮最大極限的「白岳」（熊本），口感輕快，一喝下立即在口中擴散。

燒酎的飲用方式
內行人才知道的「六四原則」

◉ 兌熱開水的基本要點

本格燒酎不論兌冷水或熱開水飲用，香氣或味道的變化都不大，能充分品嘗燒酎的風味。喝燒酎通常都是點一整瓶自行調製，所以不妨試試看兌開水或冷水的基本調酒方式。

兌開水是用六成燒酎、四成開水，所謂「六四」的比例為基準。先在玻璃杯中倒入熱開水，再倒入燒酎。這是因為先倒入熱開水，再倒入燒酎就能發生對流作用，容易完全混合。這麼一來，如果燒酎酒精濃度是25度，就能稀釋到15度左右，香氣及甜味都能因而增加，喝起來更順口。當然，也可以隨自己喜好調整濃淡。

另外，燒酒和冷水的比例以六四或五五的比例稀釋後，放置一段時間再喝，稱為「前割」。前割後再熱爛，比直接兌熱開水飲用，口感更柔和圓潤。有些店家會準備好前割，不妨喝看看。

◉ 兌水及加冰塊時的注意事項

兌冷水要注意的是，和兌熱開水相反，必須先倒燒酎再倒冷水，這是因為燒酎比重較重，這麼一來就能順利形成對流不需要攪拌。燒酎和冷水的比例同樣是六四。

很多酒徒會覺得用熱開水或冷水稀釋本格燒酎太可惜，這時可以加冰塊飲用，就能享受原本的風味而且也很順口。基本上需要準備較大的玻璃杯及冰塊。冰塊如果太小很快就會融化，手腳慢一點跟喝兌水的幾乎沒兩樣。

兌熱水的方式

先在杯中倒入熱開水,再倒入燒酎。這麼一來會產生對流,容易完全混合。

燒酎和熱水的參考比例是六四。

兌冷水的方式

前割

燒酎和冷水以六四或五五的比例稀釋,先放置一天。加熱後可以喝到柔和圓潤的風味。

4

6

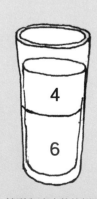

4

6

和兌熱開水相反,先倒入燒酎再倒入冷水。

燒酎和冷水的比例同樣是六四。

別具特色、不可思議的燒酎世界

◉ 以傳統方式蒸餾製成的燒酎

　　熱愛燒酎的酒館店主，常會提供罕見的燒酎，比方說本格燒酎的「甕仕込」、「甕壺熟成」。甕仕込是準備酒醪，加入原料和水，用易於發酵的甕釀製，完成後的燒酎以甕儲藏熟成。由於酒甕的造型獨特、渾圓，發酵後能產生自然對流，因為甕身一半放在地板下，能達到適當的溫度管控。這樣的燒酎用來搭配燒烤菜色更添風味，口感柔和。甕壺熟成和甕壺仕込都比一般不繡鋼桶容量小，相當費工，很適合長期熟成的燒酎。能夠品嘗到富有層次的燒酎。

◉ 富有玩心的飲用變化

　　甲類燒酎除了 42 頁介紹的代表性沙瓦，也有很多居酒屋的創意沙瓦，靠著口耳相傳而成為內行人才知道的飲用方式。以下介紹其中幾種代表性的喝法。

　　比方說在加冰塊、兌水或燒酎 Highball 等，加入日本紫蘇及辣椒的「金魚」，入口會有點辛辣；加入小黃瓜薄片的「河童」，喝起來則像哈密瓜風味；另外還有浸泡咖啡豆引出風味的咖啡割；還有名副其實加入鮮奶的鮮奶燒酎；以及不久前直接加入冰棒的「冰棒君」沙瓦也蔚為話題。

　　其他還有許多讓人驚訝的店家獨特創意，這也是在酒館小酌時的樂趣。因為酒館是個具有玩心、打造新奇飲用方式的地方。

甕仕込、甕壺熟成

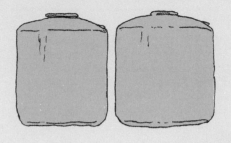

和一般貯藏容器（左）不同，甕在貯藏時有一半以上埋在地板下。可以控制在一定溫度內是一大優點。

有趣的各種沙瓦

金魚

用辣椒和日本紫蘇調成微辣的口味。燒酎中的紅辣椒看起來像金魚。

河童

據說河童很喜愛小黃瓜，把小黃瓜切細加入就完成了，喝起來像哈密瓜。

鮮奶燒酎

用鮮奶兌燒酎來喝。香濃的牛奶使風味更佳。

番茄汁燒酎

把番茄汁、氣泡水加進燒酎中。喜愛番茄的人可能會上癮。

冰棒君沙瓦（ガリガリ君）

在Chu-hai中直接放進整支冰棒君。味道會變得相當甜，要小心。

奧樂蜜C沙瓦

用整瓶奧樂蜜C取代氣泡水加入燒酎。喜愛的粉絲出乎意料地多。

能夠各類酒都品嘗一點的
日本酒和燒酎

◉ 以杯為單位可以品嘗多種酒類

　　喝日本酒或燒酎，先撇開味道和價格不談，能夠少量品嘗多種酒是其中一項優點。在一般酒館點日本酒是裝在「德利」酒壺裡，通常是一合德利（約 180 毫升），或兩合德利，萬一酒不合胃口，可能喝到一半就膩了。因此能夠打動酒徒的，是供應以杯計的店家。

　　玻璃杯通常容量在 90 ～ 120 毫升之間，量少價格也便宜。店家進貨的是一升瓶，可以提供以杯計的服務。比起大量喝某支特定的酒，更適合想品嘗更多不同酒的香氣或風味的時候。偶爾遇到店家進了限量的酒類，價格也下得了手時，千萬別錯過。

◉ 可以品嘗多種酒類的酒館

　　提供多種日本各地特產酒的酒館，有時會供應三種當季酒組合的「試飲組合」，值得一試。這不但是了解日本酒風味差異的好機會，價格通常也很划算。要是有喜愛的酒，下一次光顧時再點就好了。

　　另外，並非一時熱潮，也有一些酒館在販售小罐裝的日本清酒。跟超市、便利商店等販售的清酒不同，如山形的「上喜元」、宮城的「墨迺江」、愛知的「長珍」等，有名的產地純米酒品牌能以一合的份量品嘗（也有本格燒酎）。小瓶裝的設計加上貓咪或貓熊等流行圖案感覺也相當有趣。

各種飲用方式

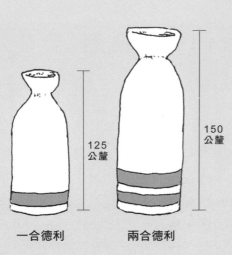

125公釐

一合德利

150公釐

兩合德利

比較

一合德利

在門前仲町〈魚三酒場〉點燗酒，送上來的大德利（1400日圓）會讓人大吃一驚，是可容納五合的巨大德利。

各種玻璃杯

為了在品嘗純米酒時，能讓米原本的香氣在口中迅速擴散而製成的形狀。有品嘗吟釀酒芳醇香氣的廣口杯子，也有喇叭型的酒杯。

各種罐裝清酒

「志太泉　貓咪純米吟釀杯酒」（靜岡）

「御太櫻　純米CUP」（岐阜）

「若鹿　上撰藍色斑比杯酒」（福井）

「純米酒　旭山動物園」（北海道）

試飲組合

從試飲酒單中挑選幾個品牌，可品嘗各種香氣及風味的清酒。

內行人喜愛的梅酒比例

● 「每人最多三杯」的規定

從很久以前梅酒沙瓦就廣受下町酒徒歡迎。話雖如此,和燒酎加入梅乾再兌熱開水,或是梅乾沙瓦完全不同。作為基底的燒酎通常是用酒精濃度 25 度的甲類燒酎龜甲宮,喝了後上癮的酒徒絡繹不絕。做法是先把燒酎倒入 200 毫升左右的小玻璃酒杯,再滴三、四滴梅子濃縮液進去。

加入梅子濃縮液染成琥珀色後,平時喝的燒酎也會變得很特別,實在很不可思議。常出現在烤雞肉串或烤豬肉串店,但有些店會規定「一人最多三杯」,由於酒精濃度較高,喝起來卻極為順口,喝超過三杯可能會爛醉,不習慣的人這麼喝很危險,所以菜鳥要特別注意。

● 神祕的梅子濃縮液究竟是什麼?

梅酒沙瓦使用的梅子濃縮液,在下町 Highball 章節也講過,以天羽飲料的「天羽之梅 紅標」,以及合同酒精公司出的「梅之香 GOLD」為主,前者為黃色帶有些微香氣,後者則是紅色帶有甜味。各自的不同風味能享受不同樂趣。

梅酒沙瓦和直接飲用甲類燒酎相比,因為較為清爽、喝起來很順口而受歡迎。但是完全沒有梅子味,因為調酒材料的主要成分幾乎都是香料和甜味劑。據說「天羽」的商標是湊巧設計成梅子圖案,才被稱為梅酒沙瓦。事實上是二戰後為了讓粗劣的燒酎口感好一點而開發的商品,最後成了下町燒酎 Highball 的調製材料。但是直到現在製造方法仍然不明,酒徒照樣為了這個神祕的梅子濃縮液陶醉不已。

梅子沙瓦的調製法

燒酎每人限量三杯

為了避免客人爛醉如泥，也為了防止客人發生糾紛而制定的規矩。

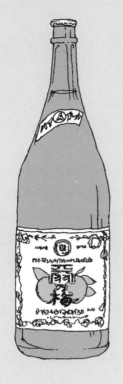

梅子濃縮液代表

天羽飲料的「天羽之梅　紅標」主要成分是香料和甜味劑，詳細製造方法仍未公諸於世。

必備用具

梅子濃縮液用的容器，一般會用醬油瓶或醬料瓶。

① 先在客人面前放好空杯，再從一升瓶倒入燒酎，關鍵是要溢出到小碟子上。

② 再倒入幾滴事先放入其他容器的梅子濃縮液就好了。

Baisu、Hoisu是什麼？

● 有如酸酸甜甜懷舊點心的Baisu沙瓦

有些居酒屋會供應一般酒舖沒有販售的酒，其中一個是比 Hoppy 更平民化的 Baisu 沙瓦，可能也有居酒屋迷喝過。Baisu 是兒玉飲料製造的甲類燒酎調酒材料，特徵是紅紫蘇。之所以叫做 Baisu，是因為「梅醋」的日文音讀就是 Baisu。成分除了蘋果汁，還有香料及糖類等。燒酎加氣泡水，再加 Baisu 調製的就叫 Baisu 沙瓦。居酒屋的售價大約在 300 日圓上下，所以能輕鬆地點來喝。燒酎、氣泡水及 Baisu 的比例是 3：6：1。這種具懷舊零食口味的沙瓦，值得一試。價廉且酸酸甜甜的口感，簡直就像懷舊點零食「小梅」。連女性也覺得順口地大喊：「這是什麼！怎麼這麼好喝！」過去只能在居酒屋喝到的酒，現在也可以在網路上買得到。

● 藥草般風味的Hoisu沙瓦

Hoisu 沙瓦的特徵是藥草般的風味，喝起來像波蘭產的蒸餾酒滋布洛卡（Zubrowka），仿照對平民來說的天價威士忌「Hoisuki」，或許因此而命名為「Hoisu」。由飲料廠後藤商店製造。燒酎、氣泡水、Hoisu 的比例是 6：10：4。私底下也有人愛喝，可說是比 Baisu 更少見的「夢幻之酒」。價格在 300 日圓上下，在居酒屋只要發現了，不妨就試試看。

另外，兒玉飲料也製造了兒玉沙瓦的調酒材料，可調製檸檬酸沙瓦，這也是很罕見的飲料。一旦品嘗過，可以作為在酒館聊天時的「成就達成」題材。

並非到處可見，
有時會意外發現
酒館裡有。

Baisu沙瓦

已經加入氣泡水的「Baisu沙
瓦」和Baisu原液都可以當作
調酒調味料，酒館通常是用原
液。帶有梅子紫蘇香氣的清爽
口味。

檸檬酸沙瓦

有效緩解宿醉或疲憊
的檸檬酸沙瓦，比檸
檬沙瓦更酸，但尾韻
帶著微甜。

Hoisu沙瓦

特徵是藥草般的風味，帶有些許
甜味，也有人表示很容易上癮。

充滿濃濃舊時代風
情的海報。

能夠寄酒的安心感

◉ 覺得划算的寄瓶

　　身為酒徒在酒館點一整瓶酒是理所當然的，可想而知是因為比一杯一杯單點更便宜。而且點一整瓶，只需請店家準備冷水、熱開水、冰塊或調酒材料（氣泡水、檸檬）等，可以省去不停點酒的麻煩。

　　在可以寄瓶的店裡，一次喝不完可以留到下次再喝，也讓人覺得很划算。對店家而言是給予喜愛這家店的客人的特別服務，也表示居酒屋和客人之間建立起信任關係。某天當店家有默契地主動拿出整瓶時，就是你成為熟客的證明。

◉ 點整瓶寄存，往後只需付冷水或冰塊的費用

　　點整瓶寄放的最大原因，是因為只要點了一整瓶，後續就沒有酒錢，只需支出冷水或冰塊的費用（根據不同飲用方式有時需要支付調酒材料費）。如果在多家喜愛的酒館都有寄酒，就等於得到酒徒出師認證。看到架上的酒瓶簽名就能讓店家想起熟客的臉孔，能自在地簽上自己名字，就是不折不扣的熟客了。

　　寄瓶的缺點是除了寄瓶的店家，通常就不太會去其他店家，喝其他酒的機會也會減少，這麼一來就容易只泡在特定的幾間酒館，必須要注意。

　　此外，每一家店對於寄酒的有效期間都有各自的規定，通常是只保存到最後一次光顧的三個月內。話說回來，如果光顧次數少到這個程度，似乎沒有寄瓶的必要。

加冰塊 80毫升

一天四杯大約六天
可以喝完。

22.5杯
＝1天4杯／6天

POINT

稀釋後，可以喝的
杯數更多。

加水 60毫升

一天四杯可以喝七
天。第八天還有兩
杯可喝。

30杯
＝1天4杯／7天

酒的一合、兩合其實未必精準？

● 德利正一合究竟裝了多少毫升？

酒館供應的酒單上雖然會標示「一合」，但實際上常常會有少許誤差，這是因為原本裝酒的「德利」就有容量差異。順帶一提，「正一合」（準確的一合）容量為 180 毫升。因此，我便調查了一下市售的德利究竟容量是多少。

結果發現，多數的一合德利在 150 毫升上下，兩合德利則是 260 ～ 330 毫升左右。或許是因為陶製的德利在燒窯裡會產生收縮現象，所以很難統一嚴格的容量規定。如果以上述的規格喝三壺德利為 450 毫升，比三壺正一合的 540 毫升少了 90 毫升，差不多是一杯小玻璃酒杯的份量，所以會不會醉的標準應該也有相當差異。你應該了解即使店主沒有惡意，酒館就是這麼一回事。

● 堅持供應正一合的酒館

有些居酒屋會確實量出正一合。其中東京湯島的居酒屋老店，甚至打著店名〈正一合之店　新助〉把精準供應一合容量作為信條。店裡只供應秋田「兩關」（本釀造・純米）的酒，據說是因為二戰時清酒無法進貨，只有兩關的傳統酒廠費心供應，初代店主為了感謝他們而定下的規矩。精準量好一合的酒，裝在特別訂製的白色德利裡。

街頭不少標榜一合德利的居酒屋，如上所說其實容量不到一合的情況就很少，這跟〈新助〉初代店主同樣是看不慣同業而堅持的氣魄吧！雖然容量準確不等於美味，卻能感受到店家承襲多年的傳統，並引以為傲的精神。雖然價格不便宜，不過走訪一趟，或許更能感受到居酒屋世界的深奧吧！

堅持「正一合」

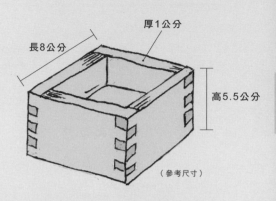

長8公分　厚1公分

高5.5公分

（參考尺寸）

很多酒館的德利容量少於一合、兩合。以往恪守容量足夠的酒館會使用標註「正一合」的德利。

原本用來量米的枡，用來喝酒也大小合。檜木香讓酒喝起來別有一番風味。

〈新助〉（シンスケ）
湯島

持續經營了七代的酒舖於大正14年（1925）改為居酒屋，現在是傳承到第四代的老店。一樓的吧台是整片的檜木板，二樓則設有氣氛舒適的桌子席位，有適合團體客人。

〈鍵屋〉
根岸

安政3年（1856）創業的酒舖，昭和初期開始設立角打，昭和24年（1949年）改為居酒屋。打開高雅的拉門，可以看到L型的吧台及和室座位，充滿昭和居酒屋的風情。

如何找出合適的下酒菜？

◉ 問問看店家的推薦菜色

在酒館想吃什麼想喝什麼，開口點就好。但不過，有時候根據想吃的菜色來點搭配的酒，或許會有意外驚喜。比方說趁著珍饈沒吞下時，喝一口日本酒，可以品嘗到更富層次的味道等。酒館也是能夠讓我們得知這些特殊飲用方式的場所。酒館裡有許多不同的酒和食材，也是佳餚美釀愛好者聚集的場所，所以可以在酒館得到許多獨特的情報。

如果不知道應該選擇什麼樣的下酒菜，不妨詢問店家的意見，對方或許會告訴你一些如「白肉魚的生魚片，適合這支淡麗辛口的吟釀酒」等。另外，搭配產地酒的下酒菜，通常都是以當地特產的食材最佳，所以不妨參考店家意見。

◉ 相得益彰的酒和下酒菜

不同的酒適合不同下酒菜。以日本酒來說，吟釀酒、純米酒、本釀造酒都有各具特色的濃郁香氣。根據搭配方式的不同，能和下酒菜的鮮美滋味產生相乘效果，更能享受到酒的美味。比方說，香氣奢華的吟釀系列適合搭配海鮮生魚片；能夠品味稻米美味的純米系列則適合燉煮料理或烤雞肉串。口感清爽的本釀造系列，除了可以搭配涼拌豆腐的清淡菜色，也可以搭配調味濃郁的和食。

其他搭配起來相得益彰的組合，如燒酎搭配內臟料理、炸魚餅、豬肉料理等味道濃郁的菜色；啤酒或沙瓦則適合炸雞塊、起司等西式料理。

相得益彰的組合

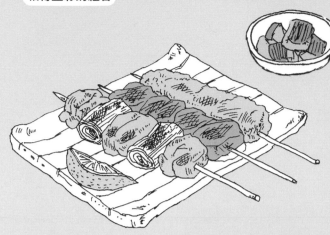

純米酒

濃郁米香的純米酒，很適合肉類料理或炒類料理，較簡單的菜色推薦搭配烤雞肉串。

吟釀酒

特徵是帶有果香，喝起來順口的吟釀酒，建議可搭配生魚片、清蒸、豆腐等口味較清淡的料理。

本釀造酒

冷酒、熱燗或常溫都合適，可以烘托料理味道。淡麗辛口的本釀造酒，適合搭配的料理很多，建議搭配口味濃郁的醬煮魚。

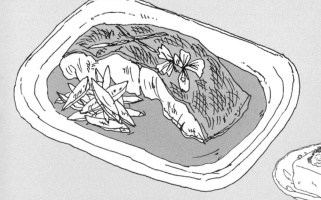

～在定食屋喝酒～
炸竹筴魚、鮪魚頭頂肉和貓不在

定食屋看起來像家庭料理但其實不同，不論和食、中華料理或西式餐點都任君挑選。從JR中央線高圓寺站往北走約10分鐘的住宅區，有家名為〈天平〉的定食屋。打開拉門一進到店裡，竟然和正在

吃咖哩飯的老闆四目相對。「啊，你好。」這種情況下，我實在說不出口，「我是來喝酒的」。一坐下來，我先點了一瓶啤酒（700日圓），定食屋的隨酒小菜大多免費，這裡給的是柿種米果花生。下酒菜點了炸竹筴魚（400日圓）。這是一家創業55年的老店，招牌上寫著字眼陌生的「民生食堂」。戰時因為糧食不足實施白米配給制度，外食也受到管制，必須持外食券才能到食堂去，這裡是放寬限制的民生食堂。竹筴魚炸到酥黑，外皮酥脆好吃得一口接一口。

逛巡了一下店內，除了有土間，腰壁板貼了花紋講究的磁磚，還有王貞治的簽名等，處處都值得細瞧。據說平時有店貓，但那天正好不在。再來就點個鮪魚頭頂肉（500日圓）和熱燜（兩合800日圓），和老闆閒話家常幾句後，他便到裡面去了。接著我開始看電視，經過店家門口的只有腳踏車。待了差不多一個小時以後，也該走了，下次再來吃飯。

ILLUSTRATED

第 **3** 章

品嘗酒館的
下酒菜

基本款之一
烤雞肉串是酒徒的小確幸

◉ 烤雞肉串的優點是「一目瞭然」

經過路邊的烤雞肉串店,目光就不由得被圓扇搧著冒煙的爐火吸引。這也是對酒徒充滿誘惑的店,忍不住想來杯透心涼的啤酒。烤雞肉串現在似乎有被烤豬肉串、烤豬內臟壓過的傾向。名字叫烤雞肉串結果賣的是豬肉?社會風潮成了「豬肉勝過雞肉」。話雖這麼說,烤雞肉串的魅力並未消失。

除了代表性的雞肝、雞胗、雞心等內臟部位,還有不可或缺的雞肉、雞皮、軟骨等。相對於豬內臟只吃特定部位,烤雞肉串的選擇五花八門。再加上豬肉串通常只吃重點部位,很難從名稱判斷究竟吃的是什麼。烤雞肉串店的菜單則是一目瞭然地寫出雞肉刺身、半敲燒、雞肉漢堡等,光從名稱就了解是什麼料理感覺格外親切,當然會讓人產生偶爾想奢侈一下的心情。

◉ 選擇能表現店鋪風味的醬汁

隨著各產地雞肉品牌化的傾向,有部分烤雞肉串店變得很時尚,其中有些對酒徒來說門檻很高。不過,保有昔日風格的便宜烤雞肉串店仍然很多,一般居酒屋的烤雞肉串也能讓人放心點來大快朵頤。點了雞肝、雞胗等烤雞肉串時,如果店家問:「鹽烤還是醬汁?」很容易出於反射作用選擇鹽烤,但與其裝內行人點鹽烤,乾脆點點看能表現店家風格的醬烤。有些店甚至會丟出味噌風味的變化球,可不能小看。

如果硬要說烤豬內臟及烤雞肉串的差異,其中一個差異是口感。雞肉或雞肉丸咬下去肉汁四溢,和酥脆的雞皮香都是烤豬內臟不會有的口感。知道幾家便宜的烤雞肉串店,也會使得散步充滿樂趣。

內臟類

雞肝（レバー）

肝臟。柔滑軟嫩的口感。

雞心（ハツ）

心臟。富有嚼勁的口感。

雞胗（砂肝）

雞砂囊。富有彈力及嚼勁的口感。

雞軟骨（ムネナンコツ）

雞胸一帶的柔軟骨頭，很有嚼勁。

綜合類

雞蔥串（ネギマ）

雞肉和蔥是最佳拍檔，吃烤雞肉串必點。

雞皮（皮）

烤到酥脆的雞脖子皮，入口擴散開來的油脂香氣四溢。

雞翅（手羽先）

能品嘗有彈力的雞肉美味和雞皮的酥脆口感。

雞肉丸（つくね）

雞絞肉加上切細的日本紫蘇製成的食品。

雞肉半敲燒（鶏たたき）

只有炙烤雞肉表層的半敲燒，不妨在衛生管理確實的店家品嘗看看。特徵是能吃得到生雞肉的鮮甜滋味。

雞肉漢堡（鶏ハンバーグ）

使用產地雞肉，口感軟嫩。有些店家會混豆腐。

基本款之二
烤內臟、烤豬肉串是酒徒的活力來源

◉ 品嘗每家店不同的美味

　　酒館林立的街上，一定有幾家提供牛或豬的烤內臟店、烤豬肉串（或燒烤內臟）店。頭肉、舌、心、肝、橫膈膜、軟骨、胃、直腸等，每個部位在烤內臟店都有其他稱呼方式（參考 84 到 87 頁）。最受歡迎的是串烤。有些厲害的客人一進店就可以先點三、四種串烤，立刻又加點其他串烤，完全可以說是狼吞虎嚥。

　　一串 80 到 150 日圓左右，價格便宜又可以帶來充足的熱量，很適合立飲。各店的結帳方式不同，也有直接計算竹籤數量等豪爽的計價方式。串烤店根本就是酒徒精力來源供應站。

　　調味主要以鹽味或鹹鹹甜甜的醬汁為主，經年累月添加熬製的祕傳醬汁是祕方中的祕方，製作方式絕對不會公開。有時也會有店家推薦獨創的大蒜味噌等，享受各店獨特的調味吧。

◉ 取代生肝的人氣菜單

　　近年來由於生吃豬、牛肝臟有引起食物中毒之虞，根據日本食品衛生法，全面禁止店家販售。很多酒徒眷戀不已，在明令禁止的前一天，衝著生肝而去的客人前撲後繼。取代生肝的菜單而大受歡迎的有舌、心、子宮、胃等部位的刺身，但其實不是真的生吃，而是稍微炙烤一下食用。這些部位汆燙後口感爽脆，有如生吃，因此也稱為刺身。調味有芝麻葱味醬、香葱醬油、醋等各式沾醬，尤其是和新鮮的葱特別對味，能吃出有別於串烤的入口即化滋味，務必一試。

烤豬肉串人氣不墜的菜單

豬頭肉（カシラ）

豬頭部的肉。油脂比豬五花少，又能品嘗豬肉的鮮甜。

豬舌（タン）

清爽微帶嚼勁，並帶獨特香氣是豬舌一大特徵。

豬心（ハツ）

沒有腥味，接受度高。能吃出肌肉纖維的獨特口感。

豬肝（レバー）

口感比雞肝更脆。

橫膈膜（ハラミ）

品嘗軟嫩卻不油膩的鮮甜。

軟骨（ナンコツ）

爽脆的口感是一大特徵。越吃越有嚼勁。

豬胃（ガツ）

胃。稍硬不帶脂肪的口感非常順口。

子宮（コブクロ）

爽脆的口感是一大特色。

「生食」系列

舌刺身（タン刺）

喜愛生吃內臟的老饕很多，向內行人請教是最快的捷徑。

子宮刺身（コブクロ刺）

爽脆的口感和香葱醬油譜出最美妙的樂章。

基本款之三
燉煮料理是酒徒的速食料理

● 上菜迅速

吧台內的大鍋整天開著火，燉煮料理冒出熱氣騰騰，讓人垂涎三尺。酒徒隔著吧台被大鍋的內容物吸引，點好幾支烤內臟或豬肉串，而串烤上桌前就先享用熱呼呼的燉煮料理。有許多店家的燉煮料理就是招牌菜，是客人上門必點的菜色。

食材除了豬大腸以外，也有豬心、豬肺等，猜一猜筷子上夾起來的是哪個部位也是一大樂趣。除了豬肉，也有煮牛筋、燉煮雞肉、紅白蘿蔔、蒟蒻等。用味噌或醬油煮到入味、變成茶色的豆腐，可以點來看看驚人的顏色變化，加點第二盤也無妨。

● 東京三大燉煮

身為居酒屋探訪家及作家的太田和彥，他選出的「東京三大燉煮」，在居酒屋迷之間已成為常識。北千住〈大橋〉（大はし）的肉末豆腐和燉牛肉是招牌菜（各 320 日圓），軟嫩彈牙的牛筋和柔嫩的豆腐，品嘗過一次就忘不了。森下〈山利喜〉提供的是只有牛小腸和皺胃（牛的第四個胃）的燉煮料理（580 日圓），客人點菜後以陶盤烤到呈沸騰狀態後上桌。月島〈岸田屋〉的燉煮（500 日圓），是把調味甘甜的大腸煮到軟嫩，入口即化，爽脆的蔥也頗獲好評。

話雖如此，燉煮並不是什麼特殊的料理，在你的周遭應該也找得到美味的燉煮料理，想找到就要靠酒徒敏銳的嗅覺了。

〈Shouchan〉
（正ちゃん）
淺草

招牌菜「燉牛肉」
（牛煮込み／500日
圓）的定價雖然比一
般店鋪高了一點，但
份量是其他店鋪兩
倍。牛肉口感很棒。

〈燉煮屋 Maru〉
（煮込みや まる）
荻窪

味噌風味的「燉牛
筋」（牛スジ煮／
500日圓）加了水煮
蛋。口味濃郁很適合
和蒜香吐司一起食
用。

吧台裡面一大鍋熱
騰騰的燉煮菜，是
充滿居酒屋特色的
景象。

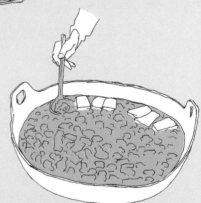

〈戎〉
西荻窪

口感清爽的「燉豆
腐」（煮込み豆腐／
250日圓）和啤酒、
燒酎都很搭。

從插圖和猜謎中學習
肉品及內臟部位一覽表～牛篇

● 初級篇／答對3題就合格！

①要鹽烤才美味的部位，近來市場價格高漲的是？

②內臟當中很重要的部位，口感爽脆的是？

③富有黏稠感，中華料理常用的部位是？

④橫隔膜的別名，近似肉的口感。

⑤雌牛的部位，稍微烤一下能品嘗到脆脆的口感。

● 中級篇／答對3題就合格！

⑥富有彈力及嚼勁的第一個胃。也有人稱為「上等〇〇」的是？

⑦右頁的插圖A是什麼？

⑧右頁的插圖B是什麼？

⑨牛的臉頰，但通常使用別稱的部位？

⑩以前在百貨公司曾出現過的名稱，味道近似瘦肉。

● 高級篇／答對3題就合格！

⑪軟嫩的口感通常用來串烤或燉煮的是？

⑫右頁的插圖C是什麼？

⑬名稱容易誤以為是武器的部位？

⑭用炒的相當受歡迎，在百貨公司也很常見的部位？

⑮右頁的插圖D是什麼？

答案：①牛舌②牛心③牛肝④橫膈膜⑤子宮⑥牛肚⑦蜂巢肚⑧毛肚⑨頭肉⑩食道⑪牛肺
⑫牛大腸⑬牛直腸（日文別稱為鐵砲）⑭丸腸⑮皺胃

牛部位一覽

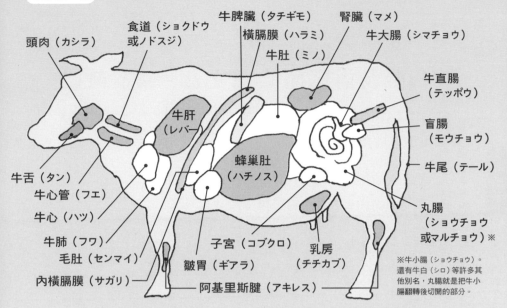

- 頭肉（カシラ）
- 食道（ショクドウ 或ノドスジ）
- 牛脾臟（タチギモ）
- 橫膈膜（ハラミ）
- 牛肚（ミノ）
- 腎臟（マメ）
- 牛大腸（シマチョウ）
- 牛肝（レバー）
- 牛直腸（テッポウ）
- 蜂巢肚（ハチノス）
- 盲腸（モウチョウ）
- 牛尾（テール）
- 牛舌（タン）
- 牛心管（フエ）
- 牛心（ハツ）
- 牛肺（フワ）
- 毛肚（センマイ）
- 子宮（コブクロ）
- 皺胃（ギアラ）
- 乳房（チチカブ）
- 丸腸（ショウチョウ 或マルチョウ）※
- 內橫膈膜（サガリ）
- 阿基里斯腱（アキレス）

※牛小腸（ショウチョウ）。還有牛白（シロ）等許多其他別名，丸腸就是把牛小腸翻轉後切開的部分。

這是什麼部位？

A：提示

經常用於燉煮的第二個胃。

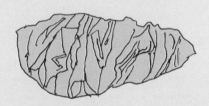

B：提示

稍微烤一下沾味噌醬特別美味的第三個胃。

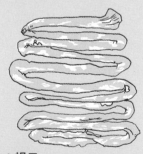

C：提示

只有這個部位多數用來燉煮。

D：提示

第四個胃。軟嫩多汁，味道濃郁。

※參考：日本畜產副產物協會官網 https://www.jiba.or.jp/

從插圖和猜謎中學習
肉品及內臟部位一覽表～豬＆雞篇

● 豬肉篇／答對5題就合格！

①瘦肉和脂肪相間的部位，有時會包蔬菜食用的是？

②為了和牛有所區別，有時會稱為「豬○」的是？

③脖子以上的部位，富嚼勁、很受歡迎的部位是？

④燉煮或汆燙後佐醋食用也好吃的是？

⑤柔嫩而口味清淡，幼齡母豬的子宮別名是？

⑥連著心臟的部位，口感不像內臟的是？

⑦超市常見，常用於燉煮料理的是？

⑧外形像「蠶○」，燒烤常用的部位是？

答案：①五花肉②豬舌③豬頭肉④豬胃⑤子宮（コブクロ）⑥橫膈膜⑦豬大腸⑧腎臟

● 雞肉篇／答對5題就合格！

①脂肪少、口味清爽而受歡迎的是？

②肉少但炸過後相當美味的是？

③脆脆的口感，只有雞才有的是？

④因為肌肉發達而口感Q彈的是？

⑤通常使用脖子部位，吃起來酥脆的是？

⑥呈三角形，又稱為 YAGEN（ヤゲン）的是？

⑦因為時常活動，肉質緊實的部位是？

⑧一隻雞只有一個的稀有部位，富含油脂的是？

答案：①雞胸肉②雞翅③雞胗④雞心⑤雞皮⑥雞軟骨⑦雞頸肉⑧雞屁股

豬、雞部位一覽

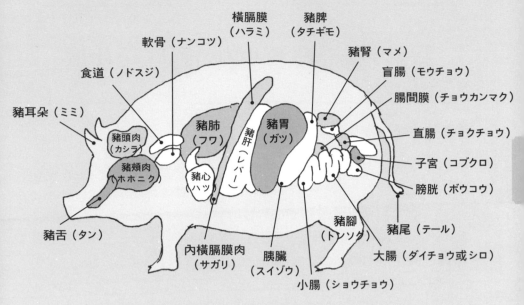

食道（ノドスジ）
軟骨（ナンコツ）
橫膈膜（ハラミ）
豬脾（タチギモ）
豬腎（マメ）
盲腸（モウチョウ）
腸間膜（チョウカンマク）
豬耳朵（ミミ）
豬頭肉（カシラ）
豬肺（フワ）
豬肝（レバー）
豬胃（ガツ）
直腸（チョクチョウ）
子宮（コブクロ）
豬頰肉（ホホニク）
豬心（ハツ）
膀胱（ボウコウ）
豬舌（タン）
豬腳（トンソク）
豬尾（テール）
內橫膈膜肉（サガリ）
胰臟（スイゾウ）
大腸（ダイチョウ或シロ）
小腸（ショウチョウ）

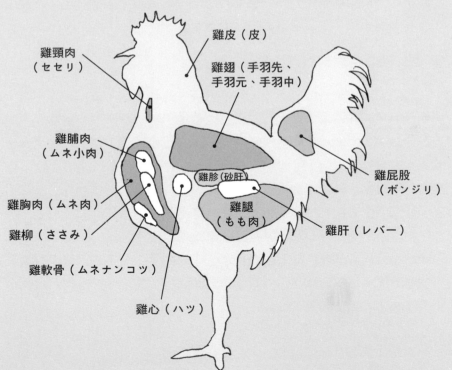

雞皮（皮）
雞頸肉（セセリ）
雞翅（手羽先、手羽元、手羽中）
雞脯肉（ムネ小肉）
雞胗（砂肝）
雞屁股（ボンジリ）
雞胸肉（ムネ肉）
雞腿（もも肉）
雞柳（ささみ）
雞肝（レバー）
雞軟骨（ムネナンコツ）
雞心（ハツ）

※參考：日本畜產副產物協會官網 https://www.jiba.or.jp/及株式會社日本一官網 https://www.nihonichi.jp/

話說……「隨酒小菜」到底是什麼

◉ 強迫中獎、價格不明

在居酒屋點了酒以後，店家會送上一小碟或一小碗隨酒小菜。要說明其實有點麻煩，這是酒館特有、從過去流傳下來的不成文做法。

首先分為要付費及免費。要付費的隨酒小菜，不妨想成是座位基本消費，一般酒館並不會列在收據明細上，價格通常在 300 ～ 500 日圓之間（根據店家有不同做法，有些店連同冷水、冰塊等費用共計 1000 日圓左右）。不過，有些店並不會附上隨酒小菜，有些則是附上隨酒小菜卻是免費招待。不同店家對於隨酒小菜的想法南轅北轍。順帶一提，立飲屋不會有隨酒小菜，所以必須盡快點下酒菜。

◉ 也有精心料理的隨酒小菜

一般店家端出來的隨酒小菜，都是毛豆、涼拌豆腐、醃白菜等小菜，通常是簡單的開胃菜。不過有些店家則會端出費心烹調的小鉢料理，能夠藉此讓客人得知該店對料理的講究。比方說協助提供第五章小菜食譜的惠比壽〈齋木〉（已於 2023 年 5 月 31 日歇業）有三道隨酒小菜，雖然會每天更換，料理內容大致不脫鮪魚生魚片、鴨肉、雞肉丸子湯等菜色。仙台的〈源氏〉每點一杯酒，就會送上一道適合佐酒的下酒菜。追加點料理時，不由得會讓人思考接下來要點什麼才好。

隨酒小菜通常都會供應一些沒有喜好問題的菜色，不過偶爾也有讓人失望的時候，這就可以作為判斷「非久留之地」的標準。是的，隨酒小菜要好吃才能招徠客人。

常見的三大隨酒小菜

毛豆（枝豆）

和第一杯啤酒是最佳搭檔。風味因店而異。

涼拌豆腐（冷奴）

喜愛豆腐的人絕對放心的一道小菜，尤其適合日本酒。

醃漬白菜（白菜漬け）

如果是店家特製的就太棒了。有小黃瓜、紅蘿蔔的話就更好了。

意外的隨酒小菜

從JR惠比壽站徒步2分鐘，店面仍保留過去光景的〈齋木〉。

惠比壽〈齋木〉三道組合小菜

〈齋木〉（さいき）的隨酒小菜是每天輪替的三道組合（1300日圓）。從上到下分別是鰹魚生魚片、冬瓜鴨肉丸湯、鴨肉，完全超越一般隨酒小菜的等級。
※已歇業

立刻上桌就找醃漬物

◎ 代表性的快速料理

在 22 頁「正確的居酒屋點菜方法」中提過，一進店先點飲料及「能夠立即上桌的菜色」，是為了不要浪費在酒館的時間。尤其是希望有東西可以填一下肚子時，更不希望點錯菜色。點了才開始煮或烤的菜色很花時間，因此可以立刻上桌的快速料理，就是點切好了就可以上菜，或是事先做好的簡單菜色。淺漬高麗菜、味噌小黃瓜、冰釀番茄等蔬菜料理，或是馬鈴薯沙拉、燉蔬菜等冷了也好吃的菜色；另外還有豬胃刺身、蔥拌雞胗等內臟；或是大鍋軍團的燉煮料理、肉末豆腐等肉類。在自助式的店家，客人可以從冰箱自行取出喜愛的菜色也不錯。有些店家則是生魚片等刺身系列菜色豐富。

◎ 上菜快又可慢慢品嘗的小菜

尤其要留意醬菜類。因為醬菜類點了就能立即上桌，而且可以慢慢享用。就這一點來看，醬菜應該是和酒館最速配的下酒菜。而且醬菜的地方色彩濃厚，煙燻蘿蔔（山形）、醃漬蕪菁（京都）、奈良漬（奈良）等，都是讓人不由自主想拿來配酒的下酒菜，不論搭日本酒或燒酎都合適，作為解油膩的小菜也很棒。

有些自家製的小菜也非常美味，我只要一聽到店主說有醃漬蕗蕎，就會進一步探究醃了多久？醃的狀況如何？聽到是從祖母輩就開始使用的米糠醬，醃製的辛酸史會讓酒的滋味變得更加深刻。

在酒館這樣的地方，醬菜上菜快卻又可以慢慢享用，是 CP 值高的樸實飲酒良伴。

酒館的醃漬下酒菜

POINT

辛酸史

米糠醃菜（糠漬け）

自家製是一大重點。白蘿蔔、小黃瓜、紅蘿蔔等，種類越多越讓人食指大動。

野澤醬菜（野沢菜漬け）

口感清脆、充滿野趣的風味，非常棒。

辣味醃茄子（茄子辛子漬け）

小茄子脆脆的口感及嗆鼻的辣味，讓酒喝起來更有味道。

POINT

自家製

奈良漬（奈良漬け）

因為口味比想像中濃郁，只能一點一點品嘗反而更棒。

醃漬蕗蕎（らっきょう漬け）

店家自製的醃漬蕗蕎最棒，能品嘗到清脆的口感。

煙燻蘿蔔（いぶりがっこ）

秋田名產。煙燻風味適合日本酒，搭配燒酎也很對味。

醃漬蕪菁（かぶら漬け）

紅色外觀格外賞心悅目。高雅的酸味蕪菁很適合佐日本酒。

麴漬鯡魚（ニシン漬け）

北海道東北的家庭料理。以米麴醃漬鯡魚、蔬菜而成的小菜。

廣受歡迎的家庭料理與B級美食

◉ 洗淨所有疲勞的家庭料理

不喜歡去燒烤店沾上的滿身煙臭味，想到要進去就抗拒的人，不妨選擇大眾熟悉菜色的店家。比方說富有昭和餐桌風味的煎蛋捲、馬鈴薯燉肉、涼拌豆腐、燙青菜等家庭料理，加上展現精湛手藝的創作料理等的店。有些店家則是在吧台側擺了一排家鄉菜、蔬菜燉煮、醬煮魚等大碗的鄉土料理。

在吧台前剛坐下，看到眼前一排讓人垂涎三尺的料理，忍不住又要站起來張望，看看點哪個菜好，用手指著想吃的料理，讓店裡的人夾取一人份。店家親自烹調的更能人感受到家庭料理的溫暖。如果是位於巷弄裡的小店，女主人圍著圍裙，就更棒了。這種時候建議點日本酒。

◉ 懷念的B級美食

居酒屋料理有時會勾起對於往昔的愁緒，讓酒徒忍不住想嘗嘗看下町的 B 級美食。有別於燉煮料理，這是過去熟悉的餐桌或零食滋味。比方說同樣是火腿排，有的店家火腿肉切得厚，有些店家則是薄片上桌。另外還有可樂餅、炸豬肝、炸竹筴魚、炒香腸等，喜愛料理帶著昭和氣氛的酒徒不少，這些菜色很適合立飲屋或便宜的酒館。彷彿會遇到兩個上班族低聲談論工作上的話題，卻不經意地傳入耳中。要搭配這些菜，最適合的應該只有啤酒和沙瓦吧？

無論家庭料理或 B 級美食，或許都只是素人料理，但在酒館卻別有一番滋味，難怪酒徒會一再光顧。

吧台上豐富的大碗菜色

以家庭料理為主，採用當天採買的食材。海鮮、蔬菜、肉類等形形色色的料理讓人胃口大開。

POINT

豐盛多樣

家庭料理及B級美食

馬鈴薯燉肉（肉じゃが）

大塊的馬鈴薯讓人食指大動。

燙青菜（おひたし）

通常是菠菜，有時也會供應小松菜、油菜等。

炸雞塊（鶏唐揚げ）

外皮酥脆而肉汁四溢的口感，和啤酒最速配。

火腿排（ハムカツ）

有些店切得厚，有些店切得薄，有些店則是把幾枚薄片火腿疊在一起炸。

炸豬肝（レバーフライ）

發祥於東京月島。可以作為小孩子的零食或用來下飯，淋醬汁吃也很搭。

炒香腸（赤ウインナー炒め）

男人不管到幾歲都會喜愛這道菜，相當奇怪。

留意「今日推薦菜單」的原因

● 品嘗平時沒有的菜色

有些店除了固定的菜色，還能品嘗到「今日推薦」料理。一如字面上的意思，使用當天採購的鮮魚、蔬菜等優質食材。因此通常不放在固定菜單上，而是另外寫在別的地方。所以不妨留意一下店門口、吧台附近的黑板或白板。通常會加上紅色圓圈標記，或是「今日推薦」等文字，應該很顯目。

會作為當日推薦菜色的，主要是海鮮、蔬菜等季節性菜單。當令時節的新鮮秋刀魚或火鍋等推出時，賣完的菜色旁會打個大叉。另外，有時候新推出的創作料理也會配合較便宜的試吃價，可以品嘗到固定菜單上沒有的美味，千萬不要錯過這難得的機會。

● 品嘗限量食物的關鍵

建議大家留意推薦菜單，還有另一個理由。如果是每天早上會到市場採購的店主，有些菜色只有當天到了菜市場才會知道，所以這樣的店家每天的推薦菜色都會不一樣，是不是一間料理美味的店家，可以從推薦菜色得知。

尤其是生魚片，和店主在批發市場夠不夠份量有關，中盤批發商樂於把好東西賣給識貨的行家。要是原本經營魚店或壽司店的居酒屋店主，踩到地雷的機會自然也少了很多。

只不過，越新鮮的好物多半數量也有限，所以先到先贏，經常光臨的熟客自然更有一飽口福的機會。因此，如果找到心裡認定的好店，只好頻繁光顧刷熟客度了。

留意黑板上的菜單

POINT
和前一天的差異

○月10日 ----------→ ○月11日

鮮魚幾乎每天都不同，所以一定要確認。看過全部菜單，就可以了解該店的傾向。

信用保證

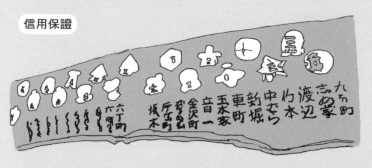

老鋪酒館常見的祝賀匾額，通常是開業時中盤商或建造相關業者贈送的，匾額同時述說著該店長期往來的對象及信用（圖為惠比壽〈齋木〉的匾額）。

交易往來的酒廠贈送的匾額見證了時代背景，值得一睹原貌（圖為秋葉原〈赤津加〉的匾額）。

品嘗海鮮料理的訣竅

● 吃烤魚的正確方法

要把吃烤魚的方式當作是一種規矩，其實相當麻煩，在酒館或許也派不上用場。不過，我還是介紹一下京都府水產事務所網站上介紹的吃魚方式（參考右頁插圖）。

首先從魚背下箸，從頭往魚尾的部分開始吃，接著吃魚肚側的魚肉，同樣要從頭往魚尾吃。要吃另一面魚肉時必須注意，不宜把魚整條翻面，而是吃完上面的魚肉後，用筷子深入魚骨下方，從魚尾開始挑起來，然後將魚骨移到盤子邊緣，如同右圖般開始吃魚。「鹽烤的魚涼了以後就很難將魚肉撥開，所以盡可能趁熱吃」是一大關鍵。不過，就算不照這個方式，也能把魚吃得乾乾淨淨，所以不妨就當作參考吧。

● 豪邁大啖海鮮類才能嘗到真滋味

坦白說，在酒館不需要遵守這麼一板一眼的規矩。只要整條曬乾的小魚從魚頭到魚骨都吃乾淨，秋刀魚則是連內臟都吃得一乾二淨就行。吃魚吃得乾淨，周遭的人也會另眼相看。如果吃得一乾二淨，找到「鯛中鯛」（魚頭中有一片魚骨的形狀很像鯛魚）還可以用來炫耀。但話說回來，在酒館根本就不常看到客人魚吃得不乾淨，是的，如果無法把魚肉吃乾淨，還不如不吃。

其他還有把魚吃乾淨的規矩，例如岩魚、香魚等溪流的串烤魚，兩手持著竹籤兩端豪邁地一口咬下最棒。另外，吃活斑節蝦時，我喜歡把蝦頭反折一口吞下。在酒館還是要這麼豪邁大啖才是最棒的吃法。

POINT
趁魚沒涼掉時快吃

在魚背和魚肚分界處，用筷子從緊臨魚頭的魚背側往魚尾的部分開始吃。

魚肚同樣是從魚頭往魚尾的方向吃。用筷子去除魚骨，並把魚骨集中在盤子邊緣。

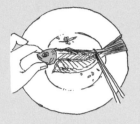

上面的魚肉吃完後，筷子深入魚骨下方，有如把魚骨從魚尾撕起般挑起魚骨。

挑出的魚骨放在盤子邊緣。

筷子插入背鰭根部，去除連著的魚骨。

筷子插入腹鰭根部，去除連著的魚骨。

魚骨挑乾淨後，把魚背肉和魚腹肉分開，分別吃乾淨。注意是否留下胸鰭。

魚肉全部吃完時，把魚骨移到盤子中央。

※參考：京都府水產事務所網站 http://www.pref.kyoto.jp/suiji/

逐步升級的魚乾

◉ 美味的魚乾是居酒屋的賣點

對酒徒而言，最想吃魚乾的時刻，恐怕就是喝日本酒之際了。魚乾一般是竹筴魚、秋刀魚、肉魚、赤鯥等，另外也有魷魚一夜乾。白天經過居酒屋前看到曬魷魚時，就忍不住想嘗一下味道。

整條曬乾的沙丁魚從頭啃到尾的滋味絕佳。剖開後再曬乾的魚，在筷子插入魚肉時，就能知道品質好的魚乾鮮度。沒錯，用漁港剛捕撈上岸、鮮度佳的魚製成魚乾最好吃。能提供從靜岡、千葉等地來的這種優質魚乾，也是居酒屋賣點之一。

最佳搭配當然是日本酒。魚肉濃郁的油脂在口中擴散開來時，鮮美的滋味會讓人想來杯淡麗辛口的日本酒。

◉ 了解臭鹹魚的美味才算得上酒徒

酒館是和魚乾邂逅的最佳場所。隨著年齡增長會有新的邂逅。最初是學生時期的聯誼，大概都會選擇價格較便宜、魚肉多、CP 值高的花魚吧？開始工作，入社會 1 年後，前輩帶你去的酒館，點的可能是竹筴魚乾。成為社會人士 10 年後，終於品嘗到高級的赤鯥滋味。以價格來看，正是呈現從便宜到昂貴的步步高昇。

歷經 15 年、終於了解酒的滋味時，總算到了挑戰臭鹹魚的最後階段。在居酒屋點了臭鹹魚，要先了解會造成什麼後果，烤魚時的獨特臭味對於喜愛臭鹹魚的人而言，可能會垂涎三尺，但對很多人並非如此。把魚撕成細絲放進嘴裡，味道刺鼻卻會上癮，不了解這一味或許就沒資格說是酒徒。建議搭配本格燒酎等烈酒較為合適。

在酒館喝酒配魚乾的進化過程

STEP1　花魚

大型連鎖居酒屋提供份量十足的花魚，吃起來很過癮。但是大概只限30歲以前吧？

學生時期

STEP2　竹筴魚乾

隨著對酒的滋味了解越深，也開始越喜歡吃竹筴魚乾或沙丁魚乾，這是為什麼呢？

社會人士第1年

STEP3　赤鯥

能花在酒上的錢更加充裕，想要稍微奢侈一點的時候，偶爾吃點赤鯥之類的魚不足為奇。

社會人士資歷10年

POINT

風味獨特

STEP4　臭鹹魚

第三階段結束時，平常喝酒機會多，偶爾也想挑戰一下的酒徒，應該試試看臭鹹魚。

社會人士資歷15年

記住不同地方的特殊名稱

◉ 體驗各地不同的稱呼吧

　　旅行會讓嗜酒的人雀躍不已，初次走訪憧憬的地點，充滿未知美味還是在當地品嘗最棒。比方說在北海道品嘗平時吃不到的花魚、鯡魚刺身的美味。由於鮮度考量，有些菜色到當地才有機會品嘗。不過在酒館點菜時，別忘了名稱和平時有所不同。比方說醋鯖（しめさば／simesaba），在京都、大阪稱為「きずし」（kizusi）；筑前煮在福岡稱為「がめ煮」（gameni），用錯名稱雖然不至於溝通不良，但不妨先記住，到了當地就能派上用場。其他比較麻煩的還有，玉筋魚和小女子（kounago）、飛魚和「あご」（ago）其實都指同一種魚等，要一一舉例絕對沒完沒了，還是只能靠親自體驗。

◉ 各種複雜的魚類稱呼

　　魚的名稱很容易搞混，不過要是能分辨清楚「魩仔魚」、「白魚」、「素魚」的差異，說不定會收穫旁人尊敬的眼光。還有外觀相似，其實是繁星糯鰻的幼魚柳葉鰻也要小心。

　　在日本廣為人知的出世魚，也就是鰤魚（buri）在成長各階段名稱不同，從若子（wakashi）→イナダ（inada）→ワラサ（warasa）。在關西，是ツバス（tsubasu）→ハマチ（hamachi）→メジロ（meziro），最後才稱為鰤魚。另外，眾所周知做成壽司美味至極的窩斑鰶，每長大 2、3 公分稱呼就跟著改變，從 4、5 公分的シンコ（sinko），到コハダ（kohada）、ナカズミ（nakazumi），最後長到 15 公分以上時稱為コノシロ（konosiro）。在一般喝酒場合沒有必要記這些，但記住了也沒有壞處，哪天說不定還會派上用場。

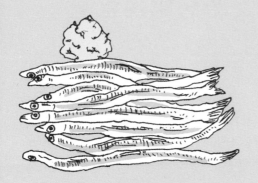

素魚（シラウオ）

一般熟知的是用於生魚片、炸什錦、炒蛋等料理。也能作為壽司食材，鰕虎科的素魚一年四季都可以品嘗得到，是多數人都喜愛的美味。

白魚（シロウオ）

多數人熟知的是活魚生吃的方式。當令季節是春季到夏季之間。鮮度下降得很快。也能用於炸什錦及炒蛋。

POINT

小心容易混淆！

魩仔魚（シラス）

日文漢字為「白子」、「縮緬」的魩仔魚，其實是日本鯷等魚類的幼魚，常被人和素魚、白魚搞混。一年四季都有。

柳葉鰻（ノレソレ）

繁星糯鰻的幼魚，當令季節從冬季到初夏。有時居酒屋也會提供。食用方式是沾薑泥醬油、柑橘醋醬油生吃。

鰻魚和泥鰍就交給店家決定吧

● 去酒館街的鰻魚店

鰻魚店給人印象就是貴，無法輕易走進去，不過酒館街上有些店也會提供鰻魚，不妨鼓起勇氣試試。菜單上偶爾會出現蒲燒，但多數是串燒。不過，除了串捲（くりから，迴旋串在一起）、短冊（切成數小塊）等不同的食用方式，部位名稱如鰭等也不容易懂，通常可以點組合拼盤，直接交給店家決定會比較快。

有名的店家如新宿回憶橫丁的〈兜〉、中野〈川二郎〉等。店主乍看之下有種頑固老爹的味道，也許有人會不喜歡。或許會對點菜的方式有些不安，不過這類店家的熟客並不多，不必害怕。也許態度不是很親切，不過仔細詢問應該會得到答案。

● 感受江戶風情的泥鰍屋

泥鰍屋的暖簾紅燈籠上寫著「どぜう」（泥鰍平假名為どじょう），是因為江戶時代用四個字不吉利。賣柳川鍋的居酒屋也有泥鰍，可以輕易品嘗得到。點菜之後，可以選擇「丸」或「開」。「丸」是一整尾下鍋，「開」則是剖開的狀態。每個人偏好不同，但據說整尾下鍋更能品嘗出泥鰍原本的風味。

淺草的知名泥鰍店有〈駒形〉、〈飯田屋〉，尤其是駒形仍保持舊式風格，值得走一趟。在有如道場般寬廣的空間裡，設置了有鍋子的座席，大家混坐在同一個空間裡。點好菜後，店員準備好火鍋，等煮熟就可以大快朵頤了。享用時，免費的蔥可以毫無顧忌地加，感受片刻的江戶風情。

標準的鰻魚和泥鰍

鰻魚串燒

新宿回憶橫丁（思い出横丁）的〈兜〉（カブト）鰻魚串燒。包括各種不同部位的套餐，還有5種7串組合，不妨準備1500～1600日圓左右的預算試試看吧！

位於回憶橫丁正中央，充滿存在感的店面頗有氣勢。

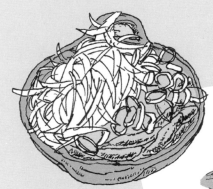

泥鰍鍋

淺草〈駒形〉的泥鰍鍋。在這裡泥鰍不稱為「どじょう」，而是稱為「どぜう」。通常會加上大量的蔥和牛蒡。

店外有時會大排長龍，但入座比想像中快。

貝類、蝦類、魷魚、章魚圖鑑

◉ 記住這些區別就夠了

貝類、蝦、魷魚、章魚……是不論生吃或燒烤只要當令都美味的下酒菜。通常不會看到以原本的模樣上桌，只看得到切片後的樣子，外觀看似相近其實不同，品嘗過後就知道差異。在這裡介紹居酒屋中常見的幾種，我把幾種具代表性的食材整理出來，只要記住這些，就能讓酒伴對你刮目相看。

貝類

蛤蜊（ハマグリ）

剛入春季的烤蛤蜊好吃得不得了。

海瓜子（アサリ）

酒蒸海瓜子最是美味。

血蚶（赤貝）

生吃最佳。

牛角江珧蛤（タイラギ）

說到大型貝柱的刺身就是它了。

日本鳳螺（バイ貝）

醬煮是居酒屋熟悉的味道。

螺（ツブ貝）

大型螺做成刺身享用。

大螺（ナガラミ）

在品嘗時能充分感受到海味。

剝法

插入牙籤後，轉動外殼取出螺肉。

龜足茗荷（カメノテ）

口感有如蝦肉般不可思議。

POINT

遇上了別錯過！

藤壺（フジツボ）

口感接近蟹肉的稀有美味。

蝦類

北極甜蝦（アマエビ）

新鮮的甜蝦極為Q彈。

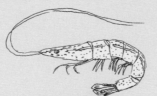

周氏新對蝦（シバエビ）

做成炸蝦天婦羅很美味。低價的居酒屋較少提供。

鬼殼蝦（オニエビ）

生吃格外鮮甜，尤其是蝦膏美味至極。

魷魚、章魚類

透抽、槍烏賊
（シロイカ／ケンサイカ）

居酒屋一般稱為「白魷魚」。

北魷（スルメイカ）

汆燙、燒烤或生吃都美味。

短蛸、短爪章魚（イイダコ）

燉煮、關東煮皆宜。

關東關西的黑輪圖鑑

◉ 一年四季都適合

如果冬天才去黑輪店就太可惜了。在各類酒館中，黑輪店是能夠讓人心情平靜、感受「大人酒館」風情的店鋪。能夠看到黑輪全部食材的湯鍋前座位是「貴賓席」，所以要是運氣好有空位就不要放過。點菜時把喜愛的食材告訴店員，由店家為你挑選已經充分入味的黑輪。

黑輪的美味來自各種不同食材下鍋熬煮，各種食材的鮮甜相互滲透入味。包括吸飽湯汁的鬆軟白蘿蔔，竹輪、牛蒡甜不辣等魚漿類製品彈牙的口感等。如果看到陌生的食材不妨直接問店員。要是以為黑輪店只賣黑輪就大錯特錯，供應生魚片、烤雞肉串等費心烹調小菜的店家並不少，是一整年都適合前往的酒館。

◉ 享受各地不同特色的黑輪

以前的黑輪店就像零食店一樣是讓小孩子可以吃零食的地方。可以輕鬆享用的下酒菜，正是黑輪店的美妙之處。生產販售黑輪食材的東京赤羽〈丸健水產〉，用手工魚漿製作的黑輪大受歡迎。熱鬧地圍著店面大快朵頤暢飲的男男女女絡繹不絕。位於商店街，從上午開始營業，是可以從白天就開始喝酒的著名店鋪。

另外，出外旅行只要看到黑輪就務必一試。首先值得注目的是各地熬煮高湯的差異。一般都使用昆布及柴魚片熬煮湯頭，不過，東日本有些地方使用海產，九州有些地方則使用雞骨高湯。更可以品嚐到各地不同的特色食材，也能引導出愛酒者的特產話題。

青森

薑泥及味噌的淋醬是一大特色。蒟蒻、根曲竹、大角天（甜不辣）等食材串在一起食用。

關東

麵粉製成的加工食品竹輪麩，以及使用魚漿製成的半平（はんぺん）等基本食材，只有在關東地區才吃得到。

靜岡

湯頭濃郁呈黑色的靜岡黑輪，有名的食材是黑半平、滷牛筋。吃的時候撒上沙丁魚製成的魚粉、柴魚片或海苔粉等。

金澤

蟹殼上填滿了香箱蟹（母松葉蟹）的蟹肉、「外子」（附著在殼上的卵）、「內子」（未成熟的卵）、蟹膏等的奢侈品。另外，也有吸滿湯汁的車麩等特別食材。

名古屋

以八丁味噌高湯熬煮入味，香味濃郁的黑輪能品嘗到鹹中帶甜的滋味。蘿蔔、豆腐等都煮到內外全黑。

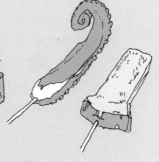

大阪

以薄口醬油來突顯湯頭的關西風黑輪。除了鯨魚皮、章魚之外，還有牛筋等下酒的絕佳選擇。

出乎意料的酒館豆腐

◉ 酒館的豆腐就是不一樣

不論是涼拌豆腐或熱呼呼的湯豆腐都很美味。除了口感滑嫩，好的豆腐入口會發現黃豆原本的滋味在口中擴散，滑溜溜地下肚。雖然是不起眼的菜色，但下酒菜少了這一味就傷腦筋，嗜酒的人絕對會喜愛的一道。價格便宜又能立即上桌也是受歡迎的原因。

在酒館就算同樣是涼拌豆腐，但調味的辛香料卻各具特色。一般常使用的是蔥、薑、日本紫蘇、柴魚片等，搭配日本酒最對味，純米酒或清爽的本釀造酒也不錯。湯豆腐雖然在家也可以輕鬆上桌，但酒館提供的沾醬就是不一樣。豆腐潔白柔嫩的外觀，光看就覺得清爽。

◉ 酒館風格的獨特涼拌豆腐、湯豆腐

要是以為涼拌豆腐只是一道淋上香辛料就可以上桌的料理，可就大錯特錯了。我曾在酒館吃過幾次讓人嘖嘖稱奇、不一樣的涼拌豆腐，其中一道是「狸豆腐」。豆腐四周是甜甜鹹鹹的醬汁，豆腐上方是色澤鮮艷的蟹肉棒，旁邊還有小黃瓜及海帶芽，整碟還撒上天婦羅麵渣。麵渣吸飽湯汁變得軟爛後，拌著豆腐一入口，就知道和一般的涼拌豆腐截然不同。

另外還有一道「炸彈豆腐」，配料則是納豆。用秋葵、山藥、雞蛋等黏黏軍團包圍豆腐（各家店做法不同），整盤攪拌後再吃非常美味，營養也很充足。

橫須賀的湯豆腐非常獨特，用高湯加熱豆腐，上面抹一層辣椒，再撒上柴魚片及蔥花。高湯淡淡的香氣和豆腐是絕配。在家裡一定要做看看。

狸豆腐和炸彈豆腐

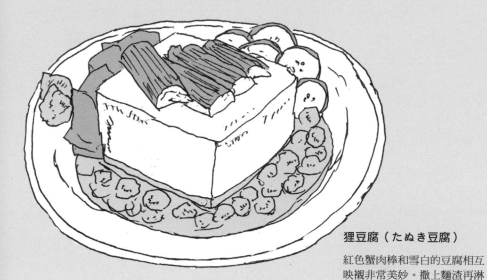

狸豆腐（たぬき豆腐）

紅色蟹肉棒和雪白的豆腐相互映襯非常美妙。撒上麵渣再淋上高湯醬油，拌勻芥末食用。和切薄片的小黃瓜、海帶芽一起吃也很對味。

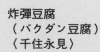

POINT

辛香料

標準的涼拌豆腐

發現酒館有美味的豆腐，就要珍惜。不過，究竟是用絹豆腐好還是木棉豆腐好，目前還沒有定論。

炸彈豆腐
（バクダン豆腐）
〈千住永見〉

基底是高湯醬油及隨意切塊的豆腐。配料是蔥、薑、芝麻、魩仔魚、榨菜。炸彈豆腐的做法有許多變化。

淺談串炸的流儀

◉ 免費供應高麗菜大讚

　　想吃串炸時，只有去串炸專賣店一途。串炸菜單種類豐富。除了牛、豬、雞等肉類，蝦、扇貝等海鮮，還有洋蔥、蓮藕等蔬菜，甚至大阪特產的紅薑等採購似乎很費事的食材。點菜時可以單點也可以點套餐。在吧台坐下點好想吃的菜色，先來杯啤酒。最讓人滿意的，當然是搭配串炸的高麗菜隨便你吃。

　　炸好的串炸一般都是放在瀝油用的盤子上才送上桌，趁著串炸還沒涼掉趕快享用。隨個人喜好，可以沾鹽也可以沾醬汁，不過，醬汁禁止沾兩次。

◉ 對酒徒來說是簡單小酌一下的好地方

　　一家好的串炸店，不論怎麼炸也不會有油臭味。而且，輕炸一下起鍋的串炸可以品嘗到外皮酥脆的口感。食材的鮮美在口中擴散，熱呼呼地彷彿快燙傷時，趕緊喝口冰涼的啤酒，再多似乎都吃得下。隨興地走進店裡，點幾串喜愛的食材，吃完拍拍屁股走人是吃串炸的正確方法。因為價格不高，對酒徒來說不至於造成太大負擔。

　　同樣是一串一串上菜的串炸，但和烤雞肉串不同的是，店裡不會滿屋子油煙。店面乾淨所以接受程度高，而且比較接近在餐廳用餐的感覺，也很適合帶女性同伴前往。比起烤豬肉串、烤內臟串等店，整體印象大概好得多。

串炸店的形式

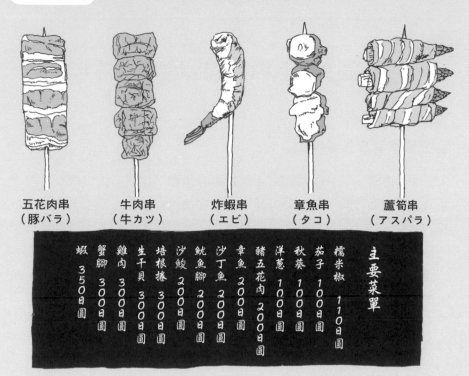

| 五花肉串
（豚バラ） | 牛肉串
（牛カツ） | 炸蝦串
（エビ） | 章魚串
（タコ） | 蘆筍串
（アスパラ） |

主要菜單

| 糯米椒 110日圓 |
| 茄子 100日圓 |
| 秋葵 100日圓 |
| 洋蔥 100日圓 |
| 豬五花肉 200日圓 |
| 章魚 200日圓 |
| 沙丁魚 200日圓 |
| 魷魚腳 200日圓 |
| 沙鮻 200日圓 |
| 生干貝 300日圓 |
| 培根捲 300日圓 |
| 雞肉 300日圓 |
| 蟹腳 300日圓 |
| 蝦 350日圓 |

竹籤筒

吃完的竹籤放在筒子裡，桌面就能保持乾淨。

高麗菜

只有串炸屋才會提供免費而且新鮮的高麗菜。在點好的串炸上桌前換個口味剛好。

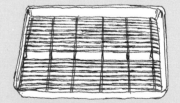

瀝油盤

有助於剛炸好的串炸確實瀝油，讓人有臨場感。

沾醬

第一次就把醬汁沾滿沾好，是吃串炸的關鍵。沾第二次後果可能不堪設想，千萬要注意。

嘗過就忘不了的「珍味」料理

◉ 搭酒品嘗更加美味

　　珍味是用來下酒，值得細細品嘗的稀有美味，讓人不由得懷疑，根本是為了下酒而發明的。主要以魚類內臟鹽漬保存而製成的菜色為主。一般的居酒屋會提供幾種菜色，但是小小一碟價格卻不便宜。一般會提供的，多半是鰹魚酒盜（かつお酒盗）、蟹膏（かにみそ）、烏賊鹽辛等。

　　說到日本三大稀有美味，就是海膽、海參腸（鹽漬的海參內臟）、烏魚子（鹽漬鯔魚卵巢）。其他還有海洋的海鞘、鮟鱇魚肝、臭鹹魚等，日本中部地方的蝗蟲、蜂蛹、石蠅等昆蟲料理；米糠鯖漬（へしこ）、鮒壽司等，都是風味獨特而受到喜愛的珍饈，會讓酒喝起來更美味，忍不住一口接一口把酒喝光光。

◉ 務必嘗試一次看看的珍味

　　如果想品嘗難得的下酒菜，就到講究日本酒的酒館吧！多數店主都以嚴選日本各地好酒而自豪，推薦點燗酒。雖然也會提供稀有的下酒菜。但份量很少，所以記得不要空腹前往。如果不知該點什麼酒，不妨請店家推薦。雖然並非能豪氣一次點好幾道的下酒菜，但應該都是店主精挑細選的珍饈，想必店家也會樂於介紹。

　　由於口感和氣味都獨特且強烈，只要吃過一次都會記憶深刻，我想特別推薦許多人不太敢吃的海鞘、臭鹹魚及糖漬蝗蟲。

鹽辛類

稀有度★
烏賊鹽辛（イカ塩辛）

雖然稱不上珍饈，但也有加入墨魚汁的富山名產鹽辛。

稀有度★
鹽辛海鞘（ホヤ塩辛）

海鞘不論生食或鹽辛都美味。如果和海參腸拌在一起製成「莫久來」（ばくらい），珍饈度更上一層樓。

稀有度★★
海參腸（コノワタ）

用鹽醃漬海參（ナマコ）內臟（ワタ），所以叫做海參腸。

佃煮類

稀有度★
糖漬蝗蟲（イナゴ）

在長野是日常可見的菜色。可以嘗到類似蝦子的爽脆口感。

稀有度★
蜂蛹（はちの子）

炒蜂蛹或烹調成什錦炊飯，蛹會在口中爆漿，口感清爽。

稀有度★★
石蠅（ざざむし）

石蠅是大星齒蛉的幼蟲。可品嘗到如同佃煮海苔略帶苦味的口感。

～在中華料理店喝酒～
炒豆芽、啤酒和巴布·狄倫

　　我在新宿西口的回憶橫丁喝了30年，除了烤內臟串、烤雞肉串、鰻魚店，還有立飲蕎麥店等，應有盡有。這裡源自二戰後的黑市，所以沒有高雅昂貴的店鋪。幾乎都是類似立飲屋的酒館。

　　中華料理〈岐阜屋〉從早上9點就開始營業，也是很受酒徒歡迎的地方。提供的菜色琳琅滿目，所以想填飽肚子也絕對沒問題，尤其是木耳炒蛋極受歡迎。

　　我今天點的是炒豆芽（420日圓）。除了木耳，還加了韭菜，覺得賺到了。豆芽菜脆脆的，木耳也好吃得不得了，配用這道菜大口大口灌啤酒（大瓶570日圓），中華料理也很適合下酒。店裡有日本酒，搭配紹興酒也不錯（340日圓），我還點了煎餃（400日圓）。隔著吧台對面的三個大叔正在邊聊邊喝。

　　我曾在這家店看到有客人吃完炒飯就跑了，以為是吃霸王餐，不過30分鐘後就看到他拿著錢回來了。還有，據說這家店連焦黑的煎餃都會照樣端上桌。客人不像客人，店員也不像店員，至於菜色味道會不會很糟？其實並不會，所以偶爾還是想來小酌兩杯。傳說巴布·狄倫及辛蒂·露波都曾來過。結帳方式是吃飽喝足後，用疊在面前的盤子算帳。如果一次點太多菜會很麻煩，所以要注意。

　　去下一家吧！Blowin' in the wind……

ILLUSTRATED

第 **4** 章

酒館的
微醺講座

傳統的居酒屋店面設計

◉ 老店才有的舒適氣氛

　　站在店門前不免有些緊張，掀開歷史感濃厚的暖簾，打開門，眼前就是ㄷ字型的吧台座。裡面傳來店主或老闆娘，以及店員此起彼落、俐落的點菜聲。吧台大約坐了十多人，四人座的客子大約有三、四組。客人的年齡層偏高，以一、兩人的客人為主，店裡流瀉出一股喧嚷卻舒適的氣氛。昔日繁華褪色、富有昭和懷舊風建築的酒館不錯，店裡處處充滿歷史痕跡的店家也別有韻味。

　　老店的格局布置絕對不能忽略，是值得注意的優點。老店最大的魅力，就是待起來舒適。數十年如一日的氣氛、味道都惹人喜愛，在彷彿時間靜止般的空間中喝酒別有風味。如果是初次造訪，不妨注意一下天花板、門扇等結構擺設。

◉ 老店也翻新、躋身大廈的時代

　　東京都內還有一些這樣的傳統建築。依照創業時間先後順序，有1856年的根岸〈鍵屋〉、1905年的神田淡路町〈Mimasuya〉、1954年的秋葉原〈赤津加〉等嗅得出歷史氣息的店舖。保存至今的古老建築，窩在其中一角就有陷入時光倒流的錯覺。

　　但是老店當中也有像北千住〈大橋〉（1877年創業）、森下〈山利喜〉（1925年創業），由於建築老舊，改裝或進駐高樓大廈。與其刻意跑去大廈裡號召富昭和風情的新店舖，不如去保有創業風貌的老店。不論是明治、大正或昭和，都還未死寂，在喝酒時以五感體會歷史風情。

〈Mimasuya〉（みますや）
神田淡路町

1905年創業，建物外觀以青
銅板裝飾十分著名，紅燈籠後
的繩製暖簾，值得一看。有西
式席位，也有和式座位，午餐
時間也有營業。

〈赤津加〉
秋葉原

1954年創業。座落在秋
葉原，更給人時光倒流的
感覺。一進入店裡，就能
感受到一股與凡塵俗世隔
絕的居酒屋風情。

〈大橋〉
北千住

1877年創業，但是2003
年重新整修後，變得潔淨
亮麗。寫著「千住第二」
的招牌十分有名（客人第
一）。

舒適的吧台座位

◉ 吧台座位能讓人感受活力

吧台形式一般分為ㄈ字型、Ｌ型及直線型（也有超長的直線型）。有邊角磨得發亮、頗具份量、用整塊木板製成的一體成形吧台，也有壽司屋般的白木吧台。也可看到多節不平滑的特殊吧台，訴說著店舖的個性與歷史。多半的人似乎都會忍不住撫摸桌面，感受歷史軌跡。

通常到初訪的店都是坐吧台，角落則多半是熟客為主，所以如果可以，盡可能挑正中央一帶的座位（有些店則是由店家安排入座）。坐在正中央可以看見吧台內的工作狀況，也能充分感受到店裡的活力。目睹廚師巧妙的烹調手法想必也能讓酒菜更添美味。

◉ 吧台座是留住客人的席位

吧台座和桌子席位不同，基本上是為了一、兩個客人來訪而規畫的座位。如果坐在桌子席位而必須併桌，有時多少讓人覺得落寞，但坐在吧台就不需要顧忌其他客人，久坐暢飲也沒問題，因為吧台就是為了讓客人寬心，讓客人變成熟客的地方。

尤其是較小的酒館，應該會和客人有更密切的交流。有些機靈的客人，甚至會幫忙上菜，這種情況只有在小酒館才會發生。吧台與其說是隔開店家和客人，不如說是「棲身之處」，越常來的客人越會窩在同樣的棲身之處。

想要更深入了解一家店，應該先選擇吧台座位，這麼一來就能了解店主的目光有多敏銳，與客人的應對進退是否得宜。一家好酒館會更加注意吧台管理。

第 4 章 酒館的微醺講座

各式各樣的吧台

ㄈ字型吧台座

店員在吧台內工作活動的設計。因各店而異，可能會出現狹長型吧台或座位數不一，不過蓬勃有活力的氣氛，只有在居酒屋才見得到。（秋葉原〈赤津加〉）

L型吧台座

店內空間比ㄈ字型更小，便可以看到的吧台形式。因為和店家距離很近，所以也很受熟客歡迎。

直線型吧台座

因為不會和其他客人目光交會，所以很受獨酌或初次到訪的客人歡迎。客人多的時候要有座位變得更狹窄的心理準備。

善用啤酒箱的立飲流

● 疊三層正好當桌子

大多數的立飲屋都會用啤酒或 Hoppy 的空箱子，來堆疊成一到四人用的桌子。仔細觀察就發現店家的巧思，非常有趣。其中最常見的是堆疊三到四層箱子的一到兩人用桌子。四層的高度大約在男性的胸部下方附近，有點高。三層的話，就大約在腰附近，把手肘放上面的話太低，但可以把手掌放在上面。再拿一塊四方形的木板來當作桌面，就剛好夠大，只要放得下小酌怡情時的酒與幾盤下酒菜便十分足夠了。

用三層或兩層箱子疊起來，還可以當作坐位的桌子。椅子當然就用一層箱子，橫著排一排，就可以當作長椅來使用。當然，拿箱子來當椅子，大多數都不會考慮到坐起來舒不舒服的問題，要明白這種簡陋隨便才是立飲屋的特色。

● 空箱桌子的強度對策

空箱桌子的確有強度上的問題。因此，疊成兩排（或是四排）就可以大大增加穩定程度。也可以放上更寬的木板來當桌面，空間變得更加寬裕。也能用來併桌，所以對店家來而言，這方法真的是很有幫助。

有些立飲屋覺得啤酒空箱太難看了，因此也會用裝石油那種 55 加侖鋼製鐵桶、威士忌橡木桶、醃漬物木桶等，加減廢物利用。這些圓形桌面深受三到四人團體客喜愛。大家一起圍在這種平常看不到的圓桌旁，容易產生親密感。所以，帶妹子的男士，一定要去立飲屋。Good Luck！

立飲屋裡各式各樣的桌子

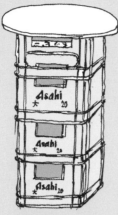

1～2人用

疊三層啤酒箱，再加上一層Hoppy箱，來調整桌子至適當的高度。桌面有圓形木板與四方形木板兩種。

2～4人用

空箱疊成兩排，可以增加強度。也有堆疊成橫著四排的，也有排成方形的。

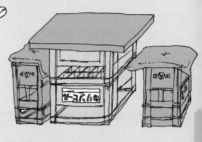

坐位

疊兩層的是當作坐位的桌子。空箱也能直接拿來當椅子使用。

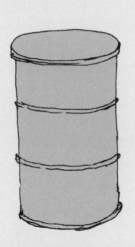

55加侖鋼製鐵桶（石油桶）

可以用來表現出一種不必拘謹的放鬆氣氛。高度也剛剛好。

威士忌橡木桶

桶子有一點矮，所以大多會再加高20公分左右。

醃漬物木桶

也有用醃漬物桶或酒桶疊起來的桌子，讓人看了會想喝日本酒。

酒館的人類行為觀察

◉ 一直都存在的酒客典型

男女老少都會去酒館光顧，既有剛下班的上班族，也有鄰居的老爺爺。想一想，在這種地方不認識的人面對面一起喝酒，實在很有趣。這些陌生人到底是何許人也？盡情發揮想像力隨意猜測，也是一種排遣無聊的好方法。一個人喝酒無聊到爆的時候，就可以來試試人類行為觀察吧！尤其是匚字形的吧台特別適合。

有一種人是從以前就很多的，那就是邊默默喝酒邊把小菜送進口中的大叔。幾乎不會左右張望，有時為了看電視而抬起頭，神情也很空洞。這種大叔不會待太久，很快就會回去了。還有另一種大叔喝得並不多，只想找人說話，如果不小心被大叔當成目標，他就會一直講個不停，講到你心煩受不了，要小心（就算離他有點距離，還是要小心別跟他目光交會）。鄰居的歐巴桑則會單手拿著啤酒杯，聽別人說話並不斷點頭，有時也會插上一兩句話。

◉ 常見的老闆類型

經營酒館的人也是各式各樣。充滿活力又和藹可親的老闆娘，是大叔們的偶像。大家一起坦蕩直率地聊天，比喝酒本身更快樂。還有一種老闆是貫徹默默工作的類型，有人連頭都不會抬起來。這裡講的老闆大致上分為兩種，集中精神在工作上而沉默不語型，以及相反的，很愛講話的類型。

如果太好奇而一直盯著老闆看的話，會被當成怪人，這點要小心。當然，不要忘了我們也會被當作人類行為觀察的對象。聊個幾句看看，說不定意外很合得來。

酒館人物速寫

領帶打得端正整齊，頭上戴著針織帽之類的大叔（70幾歲）有時吃兩碗燉煮料理就回去了。

經常在店裡，很愛聊天的大叔（約63～65歲前後），聊天的對象不只有熟客，就算是第一次來的客人也會向他們搭話。

想要拍照的心情可以理解，但是要注意有些店禁止攝影。

上一代老闆娘。雖然已經把店交給年輕老闆娘了，但是因為對店有愛，還是會來店裡看一看。對一些資深老熟客而言，是偶像一般的存在。

郊外居酒屋常出現的帶小孩的客人。夫婦在那家店裡邂逅進而戀愛、結婚，這是常有的俗套。

上一代老闆。雖然第二代也在廚房裡工作，但無法完全放心交棒的頑固老頭。其實很慈祥。

酒館的手寫字

◉ 看不完的牆上長條詩箋菜單

酒館裡充滿了手寫字，像是幾乎塞滿所有牆面的菜單海報、長條詩箋。要全部看過一次，實在是不可能……詩箋多到如此讓人看到一半就不得不中途放棄的店也是有的。彷彿給人一種被文學作品《追憶似水年華》或《大菩薩嶺》的份量壓倒似的感覺。

而且，醋鯖（しめさば）旁邊放玉子燒這種無視類別的作法也有。就算紙張變色了也不在意，還可以看得出來哪張菜單換了新的紙。還有，也看不懂該從哪裡開始看，不禁讓人懷疑恐怕連熟客也沒辦法全部看懂吧！最後只好從推薦菜單開始選。話雖如此，這些長條詩箋也是不可或缺的室內裝飾元素。

◉ 最後的訊息是……

在居酒屋這種菜單內容很多的地方，很容易會忍不住把放在一旁的菜單再拿起來翻一翻、看一看。對於喜歡印刷字體之類的人而言，一邊思考接下來要點什麼，又可以來回欣賞的菜單很棒。詳細記載了產地、味道等內容的菜單，看起來也很有趣。就算是沒有點的菜色，光看著名字想像也能自得其樂。

另外，酒館的牆上也充滿了很多老闆要傳達的訊息。「在別家喝過酒的人，只能點一杯」、「禁止醉鬼入店」等，以店家自己的規則為主。手寫的文字別有一番滋味。

然後有一天，走在街上不經意看見了居酒屋店門口海報。沒錯，最後的訊息就是「本店倒閉了」。

菜單長條詩箋

手寫的菜單長條詩箋排列至店內深處。就算是視力特別好的人，要看到最後也是不可能的。

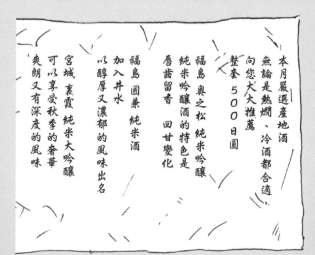

張貼大字報

有時也會有內容特別蠻橫的大字報，但是店裡的規矩只能遵守，所以入店時還是看一下吧。

謝絕無男伴與帶小孩的客人

一人請至少點餐一份以上

本月嚴選產地酒
無論是熱燗、冷酒都合適，
向您大大推薦
整套 500 日圓

福島 奧之松 純米吟釀
純米吟釀酒的特色是
唇齒留香 回甘變化

福島 國兼 純米酒
加入井水
以醇厚又濃郁的風味出名

宮城 裏霞 純米大吟釀
可以享受秋季的奢華
爽朗又有深度的風味

菜單

老闆費盡心思、絞盡腦汁想出來的菜單，讓人在點菜時覺得很有樂趣，並且會讓人想一看再看。

讓酒蟲蠢蠢欲動的紅燈籠和暖簾

◉ 別有一番風味的紅燈籠是「酒館遺產」?

「今晚我們去紅燈籠吧!」這句話沒有語病,可見酒館門口搖曳的紅燈籠已經跟酒館有著剪不斷的關係了。在紅燈籠上有印關東煮、烤雞肉串、內臟燒肉等菜單內容的,也有印上 Hoppy 的,吸引 Hoppy 愛好者的目光,不容錯過。快要碰到地面的巨大紅燈籠相當有迫力。燈籠也有白色的,看起來高貴典雅,但還是紅的比較吸睛。就像蟲子會被路燈吸引一般,酒蟲也有被紅燈籠吸引的習性。

老店的紅燈籠可能會被燻得滿是烤雞肉的油脂,或者是破損到看得見骨架,都別有一番滋味。真想把這些登錄為「酒館遺產」,雖然沒這種東西。

◉ 正確從暖簾穿過去的方式

居酒屋別名又叫「繩暖簾」(以前流行垂下細繩的暖簾),只是近年使用布製暖簾的比較多。除了在暖簾上印上店名之外,也會印上「大眾酒館」、「烤內臟串」等變化。尤其是東京月島的〈岸田屋〉約 326 公尺寬的大暖簾,上面印了極有迫力的「酒」字,實在是太美妙了。完全讓人覺得「我就是來喝酒的」。

要注意的是,絕對不能歪頭從暖簾下面穿過去。從暖簾分開處,伸手撥開兩邊,頭再跟著過去就好。有些店的暖簾破破爛爛,也證明了曾有許多人從暖簾下方走過。無論是紅燈籠或暖簾都烙印著無數酒客的記憶。

第4章 酒館的微醺講座

各式各樣的紅燈籠

想喝Hoppy，就要找有這種紅燈籠的店。

貼心印有泥鰍（どぜう）的紅燈籠。

新宿回憶橫丁的巨大紅燈籠格外顯眼。右下是紅燈籠與白暖簾都很鮮豔美麗的北千住〈幸樂〉。

各式各樣的暖簾

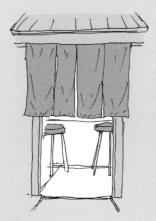

半暖簾

小吃店用的暖簾高度是一般商家用的一半，約56.7公分。為的是讓外面的人可以看到店內的情況。

遮陽暖簾

一塊布的上端固定在建築物上，下方延伸到道路上並固定住，就像一塊布幕一樣。

127

各式各樣的酒器

◉ 藉由酒器來提升風味

在講究日本酒的店裡能自由選擇喜歡的豬口杯，但光看外表設計來選可不行，因為豬口杯的大小、口徑都會影響酒的風味。比如喝冷酒，就要選擇較小的杯子，這樣酒的溫度不容易變化。如果想要好好品嘗酒香的話，就選擇寬口的酒碟。基本上想要品嘗酒本身的風味，就選擇杯身渾圓而杯口較小者。

夏天用玻璃杯喝冷酒，真是涼爽又痛快。像江戶切子、薩摩切子這類特殊的玻璃杯，請在特別的日子使用。德利酒壺換成玻璃製的話，能增添不同的風味。接近傍晚時就到居酒屋的吧台占好位子，品嘗一杯冷酒，選新鮮的生魚片之類的當作下酒菜，還挺不錯的呢！

◉ 讓人大飽眼福之物

酒器最不可思議的地方就是可以激發出酒原始的風味。像是有把手與壺嘴的燜酒器「銚釐」（燙酒用的壺），有放在關東煮槽裡的鋁製銚釐，跟高級的錫、銅或黃銅製的銚釐。這種酒器的熱導率高、保溫性優，能讓酒變得柔和而醇厚。錫的存在感，讓人覺得酒變好喝了好幾倍。

另外，陶器或錫、玻璃製的片口，可以將酒從一升瓶裡倒出來，讓酒的口感變柔和，也有看起來更好喝的效果。酒器不僅能滿足口腹之欲，也能大飽眼福。不經意走進的酒館，看到店家拿出上好的酒器，實在是興奮不已！

各式各樣的酒器

冷 適合冷酒

用較小的酒杯，比較不容易影響溫度，所以適合冷酒。

冷 適合冷酒

寬口的酒碟適合細細品嘗酒香。

爛 適合爛酒

有厚度又有泥土溫暖的陶器酒杯正適合爛酒。

常 適合常溫酒

有點高度，正好整隻手可以緊緊抓住酒杯，讓人不知不覺就一杯接一杯。

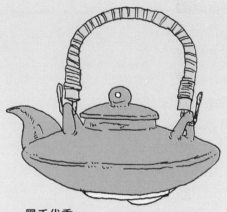

黑千代香

在鹿兒島會把兌開水的芋燒酎放一段時間，再倒進黑千代香裡，然後用瓦斯爐之類的火直接加熱飲用。

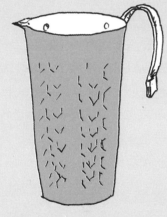

銚釐

加熱酒的器具。保溫性良好，可使酒的口感變柔順醇厚。除了鋁製的，也有銅、黃銅與錫製的。

片口

把酒從一升瓶中倒出來的酒器，與德利酒壺的作用相同。會讓酒的口感變柔和。有扁平的，也有稍微有點高度的，形狀不一而足。

溫酒的魔法

● 被稱為「御燗番」的溫度專家

專門負責溫日本酒的專家稱為「御燗番」。如果說「日本酒的侍酒師」是味道的傳教士，那麼御燗番就可以說是溫度的調教師吧！日本酒溫過後，味道會變得馥郁，飄起淡淡的酒香。御燗番用五感找出最適合的酒溫，然後提供給客人。喜歡微溫的酒客很多，要是遇到能夠在酒的溫度上如此費心思的店，實在讓人高興。

最簡單的溫酒，就是用小鍋子燒熱水把德利酒壺放在上面加熱，但是只要看御燗番的工作就會知道事情並沒有想像中那麼簡單。當然他不會用溫度計，而是用手掌來試出客人喜歡的溫度，所以才會發生點了燗酒卻遲遲不端上來。藉由溫酒而使風味產生變化，這是日本酒的特色。在被溫熱後的酒又再度冷卻時，會變更美味的「溫後冷卻」，請務必體驗一次看看。

● 酒器的林林總總

普通的酒館會使用燗酒器。一般常見的是把一升瓶倒過來設置的，也有上面有幾個洞排在一起，每個剛好可以放入一個德利酒壺，還可以燒熱水的。其中最具酒館風格的是叫做「銅壺」的燗酒器，但產生銅綠的速度很快，所以需要常常清潔保養。如果在吧台上發現銅壺，愛喝酒的不點杯燗酒會受不了吧！有些店會有少見的快速燗酒器。把酒倒進水槽形狀的燗酒器裡，雖然詳細原理不明，但會從下面流出燗酒。無論是靠人的手或是用燗酒器，溫酒的魔法都是很深奧的。

專業的溫酒手法

把德利酒壺泡進熱水裡

把酒倒至德利酒壺的壺頸高，然後把酒壺泡在熱水裡。酒變熱之後，壺口也會變溫。

確認溫度

用兩手包覆德利酒壺來測試溫度是否適中。在到達適當溫度前，會重複這個步驟好幾次。

幫客人倒酒

一開始的第一杯，御燗番會幫忙倒，但第二杯開始就要自己倒了。

燗酒器

打開蓋子，裡面的熱水已經沸騰，把德利酒壺或銚釐放進去就開始溫酒。圖裡上方溫酒用的是叫做銅壺。木蓋子下面則正在煮著關東煮。

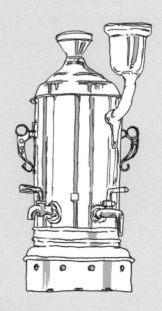

快速燗酒器

外表像水槽，內部有螺旋狀的水管，當酒經過這裡就會瞬間被加熱。似乎是昭和初期（約1926～1945年）製造的東西，但是在東京都內還能看得到。

內行人才知道！杉玉和新酒的關係

● 杉玉並不是單純的裝飾品

居酒屋前懸掛著的巨大毬藻似的東西叫做杉玉（別名：酒林）。直徑從 30 公分，大至 1 公尺以上都有。杉玉是用來當作告知初春的新酒已經完成的廣告。原本是放在酒廠，現在則一整年都放在居酒屋之類的店外頭。杉玉是用杉樹的葉子做成的，一開始看起來很青翠，但是隨著時間流逝便會漸漸枯萎變成不顯眼的茶色。

製作方法是先用鐵絲做出中心的球體，在縫隙間插入杉樹的葉子。由於杉樹的葉子連著細枝，也不容易掉下來。最後再修剪成球形就完成了。以前是把這種杉玉掛在店前，慶祝新酒的完成。

● 新酒的定義是什麼

雖說是「新酒完成的通知」，事實上新酒的定義並不明確。其中之一是依據釀酒業界所定義的，今年是指 7 月 1 日到翌年 6 月 30 日為止釀造然後出貨的酒，用來和更久以前的酒區別。標記有「BY ○年」的，表示是長期熟成酒，有時也會出現在菜單上。

還有另一種定義是，用那一年收穫的新米所釀造並出貨的酒。實際上，釀酒工作通常大多在 12 月～ 1 月進行，所以大約 3 月時喝的就是一般大家印象中的新酒了。江戶時代中期，由於貯藏技術進步，冬季也可以進行釀造（寒造），所以在初春便可以上市了。現在也不限定在春季才喝新酒，也可以貯藏到秋天，於是像是叫做「冷卸酒」帶有圓潤風味的秋季限定酒之類的便陸續出現。喜歡日本酒的人，一年四季都可以喝到新酒。

杉玉的製作方法

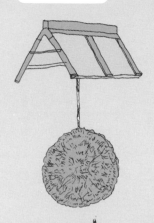

完成品

有時會在居酒屋前看到的就是杉玉。用杉樹的葉子做成,剛完成時很青翠,但大多都是看到枯黃的顏色。

STEP1

用鐵絲做出圖中的中心部分,為了等等要插上杉樹的葉子,所以先吊起來。

STEP2

先從下方開始插上杉樹的葉子(要保留細枝的)。確定葉子插好不會掉之後,就可以稍微修剪。

STEP3

接著從上方開始插杉樹葉,直到沒有縫隙可以再插為止。

STEP4

用剪刀粗略修剪成球形。有縫隙的話,就再補葉子。最後修剪成一個完整的球體便大功告成。

酒館的眾神

● 酒館裡才有的眾神

酒館裡四處都供奉著神明，在較有歷史的居酒屋，向南或向東的高處會設有神龕。大小、構造、神具等都各不相同，但收納御神符的宮殿造形神龕要是很氣派的話，整個店裡都能感受到莊嚴感。一般而言，神龕有伊勢神宮（神宮大麻）與氏神的御神符，那家店要是有特別信奉的神社，也會供奉其御神符。這是用來祈求每天平安無事與家人健康的，乾淨莊嚴的神龕也會成為那家店最具代表性的特色。

竈（通「灶」字，現在應說廚房）神、荒神[1]的神符也常看到貼在牆壁或柱子上。由於也是火神，所以對需要「小心火燭」的酒館而言，是很重要的守護神。另外搭乘寶船的七福神，以及帶來幸運的吉祥天、辯財天等的神符，都很常見。

● 各式各樣的吉祥物

在酒館裡格外引人注目的是花俏的吉祥物熊手。每年 11 月的「酉日」，在淺草的鷲神社、新宿的花園神社等都會舉辦開運招福、生意興隆的祈願「酉市」。這種熊手就是來自酉市的攤位。熊手小至像團扇一樣大小，大至到用肩膀都很難扛起來，由來是把福德都「扒過來」之意。也有熟客會送店家熊手，聽說按照習俗逐年要越送越大。而新買來的熊手在翌年的酉市拿去給神社之前，都會擺在店裡當作裝飾。

另外還有福助、仙台四郎、比利肯等開運招福的吉祥物，種類繁多。還有熟客從日本全國各地買來的招財貓、不倒翁、狸貓造型珍藏品，一個個都像在訴說這家酒館有多少粉絲。

1 日本所信仰的竈神跟中國的不同。此處又提到荒神，是因為日本將日本佛教特有的「三寶荒神」當作竈神祭拜。

神龕

祭拜神宮大麻的位置稱為神殿，兩側會插上象徵繁榮的紅淡比（榊）枝葉。也有要在神殿正面拉起注連繩的習俗（北千住〈千住永見〉）。

三寶荒神

以前是竈神，現在是負責「小心火燭」的神明。對於常要用火的酒館而言，這位神明特別可貴。

福助

由來眾說紛云，據說是江戶時代實際存在的人物。大家相信它是能招來幸福的吉祥人偶。

仙台四郎

從江戶跨越到明治時代、實際存在的人物。因為傳說四郎造訪過的店家全都生意興隆，所以被當作福神來祭祀。

熊手

每年11月的「酉日」，在祈求生意興隆的「酉市」販賣的吉祥物。由來是把福德都「扒過來」之意。

比利肯

明治時代出現的吉祥物。由來眾說紛云。有人說是當年的美國總統的名字，也有人說是因為搔它腳底就能實現願望。

酒館與酒徒的歷史之一
從落語了解江戶居酒屋

● 古典落語裡處處有酒徒

聽說古籍中記載，居酒屋是從一般酒舖的店頭前讓客人喝酒（現在的「角打」）而發展出來的。居字也有「處於、位於」的意思，所以以「居此飲酒」故名「居酒」，又為了與一般酒舖做區別，於是就叫「居酒屋」了。也有別種說法，一說是賣燉煮熟食的店讓客人喝酒而發展出來的。也有一說是由路邊攤開始的。

主要以江戶時代為舞台的古典落語裡，喝酒的題材很多。例如有《二泡茶》、《親子酒》、《禁酒番屋》、《試喝》等，全都是飲酒題材的。三遊亭金馬（三代目）擅長的《居酒屋》以居酒屋為舞台，非常有名。雖然落語的內容不過是描述一個男人進到居酒屋裡，開始捉弄店員小夥計而已。他在神龕下坐在倒過來的酒桶上喝酒的樣子，很有畫面感，實在很好笑。

● 古今亭志生口中的醉鬼

至今仍人氣不減的古今亭志生喜歡喝酒是眾所皆知的。他在關東大地震時跑進酒舖裡，保護自己要喝的酒。在二次大戰期間，他搭乘電車時剛好遇到空襲，就把原本要帶去送人的啤酒全都喝光。去滿洲勞軍時喝了許多烈酒，昏迷不醒好幾天等。聽說他還曾經在表演落語前喝酒，因此在表演途中竟然開始打瞌睡。以現在的標準來看，實在是難以想像。

但志生擅長的《品川心中》、《文七元結》、《三枚起請》卻都不是飲酒題材，而是以被金錢、風塵女子與賭博愚弄、卻讓人討厭不起來的男人為主角。透過當時煙花場所的情景、與花魁之間的交流等，讓人沉浸在江戶時代的飲酒世界裡。

江戶時代的居酒屋

賣燉煮熟食的店

賣些簡單的吃食，還有煮豆、煮魚、煮時蔬與肉類等，調理過的熟食放在陶器盆子裡，在桌上排好販賣。據說賣下酒菜的越來越多，成為居酒屋的原型。

以關東關西酒館為主題的古典落語

三遊亭金馬《居酒屋》（日本哥倫比亞）

〈概要〉
穿過暖簾進到店裡的醉鬼，不斷捉弄店裡的小夥計。有許多江戶居酒屋的獨特情景，笑料不斷。

「好的，現在做得出來的東西有熱湯、干貝、鱈魚昆布、鮟鱇之類的東西。還有，鰤魚、蕃薯、醋章魚。」「你現在說的菜都能上來嗎？」「是的，沒問題。」「那麼，給我來一人份的『之類的東西』吧！」

桂枝雀《上爛屋》（東芝EMI）

〈概要〉
醉鬼在路邊攤點了酒與下酒菜，但是點的都是一些讓老闆困擾的東西。有煮豆、豆腐渣、烤醃太平洋鯡。

「什麼就這些不能跟我收錢，全都免費？什麼嘛！你這攤子怎麼盡是一些免費的東西啊？」「因為你都點一些免費招待的東西啊」！

酒館與酒徒的歷史之二
探訪二戰後的著名黑市

◉ 對愛喝酒的人而言是很迷人的小巷道

　　黑市簡單說，就是二次大戰後的混亂時期，在只剩燒毀痕跡的空地上直接搭起臨時的小木屋，背著當年的統制經濟偷偷做生意的集市。這些地帶有不少都沒有經歷都更，於是留到現在就變成酒館街，比所謂的昭和懷舊還要舊得多。地點就在電車終點站旁邊，要沒看到也很難。可以順便學習歷史，一定要去一次看看，當然還要喝酒。

　　首先是品川車站港南出口。在勉強可容一人通過的小巷道錯綜複雜而成的區域，酒館林立。烤內臟串〈小馬〉店裡用的內臟來自品川的肉品市場，新鮮度掛保證。隔壁的大井町車站也有東小路、平和小路、鈴蘭路（すずらん通り）等酒館街。走過狹窄又古怪的東小路，便可以到達〈肉之前川〉。這家店本來是間肉舖，但是店前順便賣烤雞肉串，常有一大群男人在此大快朵頤。

◉ 趁現在把這些留在記憶裡

　　二戰結束後一陣子，不只無人空地，連新橋與神田等地的高架橋下，也出現了很多不合法的飲食店。眾所皆知，現在上班族大叔心中的天堂，就是當年留下來的餘韻。另外，在新宿黃金街的青線地帶（私娼做生意的地方，於 1958 年廢除）也是仍然保留至今的一個例子。有些店甚至還高達三樓，可想而知以前的私娼是在三樓攬客的。如果不談這些黑暗面，是無法了解酒館街的魅力。

　　這些極具歷史的酒館街，不知道何時會被捲入都更的風浪之中，請趁現在把它們留在記憶裡吧！

品川車站港南出口

經過都市開發後，變得現代化的車站前，再稍微往裡面走，便可以到達幾條歷史悠久酒館街聚集的區域。

〈小馬〉（マーちゃん）店裡的燉煮料理，有像是加入奶油的風味。

許多錯綜複雜的小巷道，讓人不知道自己現在到底走到哪裡去了。

大井町東小路

有名的肉舖〈肉之前川〉（肉のまえかわ），很多人在大快朵頤。

酒館與各種飲食店林立的大井町東小路入口處。這裡根本就是迷宮。

139

酒館與酒徒的歷史之三
了解酒館文化的變遷

◉ 二戰後本格酒館文化的濫觴

　　受到各種因素影響，酒館文化隨著時代不斷變化。二戰後不久的1950年代，酒館都只提供品質不好的酒，聽說有不少人喝了一種叫做「爆彈」的酒而失明。進入60年代後，漸趨安定，當時三得利的廣告戰略讓商業區裡的〈Torys Bar〉博得人氣。這個時期，酒吧這種西洋文化變得普及。70年代前半，芋燒酎「皐月白波」與兌熱開水受到注目，掀起第一次燒酎流行熱潮。另外，1970年第一家家庭餐廳〈雲雀〉一號店開張，提供均一的料理與服務，全家人也能一起安心消費，提高外食的意願。

　　1984年左右罐裝Chu-hai登場，帶來第二次燒酎流行熱潮。1985年在居酒屋業界，〈村來〉成為了日本全國性連鎖店；1992年，庄屋集團合併吸收〈幹勁茶屋〉，達到了110家直營店。

◉ 居酒屋流行熱潮來臨

　　1990年代有內臟火鍋與本格燒酎流行熱潮，但到2000年代卻因為狂牛症問題而衰退。2000～2004年左右，迎來了第三次燒酎流行熱潮，全國都在喝本格燒酎。日本酒中的「十四代」（山形）、「飛露喜」（福島）等，這些年輕世代釀造的酒受到注目。2009年左右，年輕族群廣泛接受威士忌Highball這種新的喝法。2010年代以來，價格便宜的立飲、千圓買醉蔚為流行。以前生意好的連鎖店也開始一個個加入大企業的麾下。

　　雖然不知道今後還會流行什麼，但真正愛喝酒的人，是不會隨便被流行所影響的，只會一如往常，從酒館的一角看著而已。

酒與酒館的變化

1950年

二次大戰後，用甲醇的粗製燒酎「爆彈」
（バクダン）在市面上流通。

1960年

卡巴萊蔚為流行，洋酒的消費量超過日本
酒。
販賣三得利的Torys威士忌的〈Torys
Bar〉人氣很旺。

1970年

70年代前半，第一次燒酎流行熱潮。芋燒酎「皐月白波」（さつき白波）很受歡迎。
70年，家庭餐廳〈雲雀〉（SKYLARK）一號店開張。

1980年

產地酒流行熱潮。「越乃寒梅」（新潟）、「一之藏」、「浦霞」（宮城）大受歡迎。
84年左右，第二次燒酎流行熱潮。寶酒造「寶can Chu-hai」、東洋釀造「hiliki」發
售，罐裝Chu-hai的人氣極高。
85年，居酒屋連鎖店〈村來〉（村さ来）成為全國連鎖店。
80年代後半，黑木本店的麥燒酎「百年の孤独」、薩摩酒造的麥燒酎「神の河」銷售
火熱。

1990年

吟釀酒流行熱潮。「上善如水」、「久保田」（新潟）受到注目。
92年，庄屋集團（庄やグループ）合併了〈幹勁茶屋〉（やる気茶屋），達到110家
直營店。
92年，日本酒的分級制度（特級～三級酒的區分）廢止。
●90年代後半，麥燒酎的銷售費量成長。啤酒類與日本酒等的銷售量減少。
●在東京，內臟火鍋與本格燒酎蔚為風潮。

2000年

●01年，在千葉飼養的牛疑似爆發狂牛症。
00～04年左右，第三次燒酎流行熱潮。芋燒酎之類的本格燒酎很受歡迎。
●「十四代」（山形）、「飛露喜」（福島）等年輕世代所釀的酒受到注目。
09年左右，掀起Highball流行熱潮。

2010年～

●大型居酒屋連鎖店加入大企業麾下。
「獺祭」（山口）、「釀酒人九平次」（愛知）與氣泡日本酒人氣很旺。
迎來立飲、千圓買醉流行熱潮。

※參考：三菱日聯研究顧問、日本銀行鹿兒島分店的燒酎業界調查。

喜愛杯中物者不能錯過的街道①
在新宿區一家接一家續攤

● 找出哪個區域有便宜又好吃的店

想續攤喝酒時要先記住兩點：哪個地區有什麼樣的店、價位大約多少。在全是高價位的商業區，再怎麼找都是白費力氣。最好先決定想去哪幾家店。如果沒有「一定要去這家」的想法，而只是隨便亂逛，就很容易會遇到某些時段人很多很難進到店裡的情況。

因此在新宿能輕鬆進入的店並不多。知不知道有合適價位的店，會差很多。在這種情況下，歌舞伎町的立飲屋〈龍馬〉實在是很珍貴的存在。各種串炸從 90 日圓起跳且種類充實，跟生啤酒或 Hoppy 組成套餐才 390 日圓而已，正適合排在第一家。

接近西武新宿線的區域也很便宜。在〈萬太郎〉這家烤內臟串店，可以點超辣滷牛筋（500 日圓）與 Chu-hai（380 日圓），再來幾根烤內臟串（每根 130 日圓為主）。如果是帶妹子的男士，附近也有西洋風格的立飲屋〈Provencale〉（プロヴァンサル），店裡便宜又美味的玻璃杯裝紅酒，一杯 300 日圓起跳，還有鹿、野鴨、兔子等野味，實在很稀奇。大約一個人 3000 日圓就很足夠了。

稍微進入小瀧橋路之後，就要注意看立飲屋〈大野屋〉的「早上剛採烤內臟串」的招牌。烤豬肉串一根 90 日圓、生啤酒 350 日圓，從冰箱裡自助式拿取的生魚片約 250 日圓左右。正因為以前是以生肝臟片出名，一定要品嘗看看他們的炸肝臟（250 日圓）。

西口回憶橫丁是個很有新宿風味的地區。烤內臟串〈菊屋〉（きくや）、〈小內〉（ウッチャン）、〈篠本〉（ささもと）之外，還有鰻魚專賣店〈兜〉、壽司店〈寿司辰〉、中華料理店〈岐阜屋〉、怪異料理的〈朝起〉等，實在很難抉擇。只是，聽說近年有部分的店變成以觀光客為導向的價位了。黃金街是單獨一人很難去的區域，有些店家甚至會收取座位費。

第4章　酒館的微醺講座

新宿酒場MAP

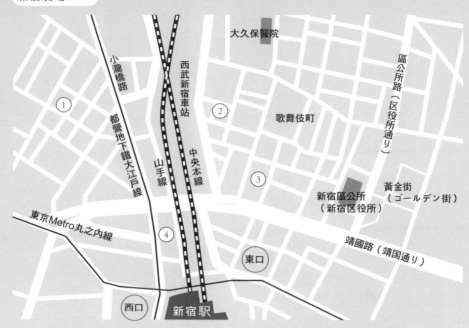

- 大久保醫院
- 小瀧橋路
- 西武新宿車站
- 都營地下鐵大江戶線
- 山手線
- 中央本線
- 歌舞伎町
- 區公所路（区役所通り）
- 黃金街（ゴールデン街）
- 新宿區公所（新宿区役所）
- 東京Metro丸之內線
- 靖國路（靖国通り）
- 東口
- 西口
- 新宿駅

① **大野屋（おおの屋）**

「早上剛採烤內臟串」（朝採りもつ串）招牌是著名標誌。白天酒客很多，平常日也塞滿客人。烤豬肉串從90日圓起跳。也有很多自助式的下酒菜。

② **萬太郎**

要在歌舞伎町周邊喝的話，這家是值得推薦的昭和酒館。雖然是1993年創立，氣氛卻懷舊復古。

③ **龍馬**

在歌舞伎町正中央的立飲屋。各種串炸90日圓起跳，種類充實。是在歌舞伎町可以安心喝酒的店家之一。

④ **新宿西口回憶橫丁**

近年由於觀光客很多，已經漸漸失去昔日的氣氛，但是仍有店家堅持以前的經營方針。

喜愛杯中物者不能錯過的街道②
在中央線沿線一家接一家續攤
中野、高圓寺、阿佐谷

◉ 可以千圓買醉、立飲的地方很多

　　中央線沿線的車站：中野～高圓寺～阿佐谷～荻窪～西荻窪～吉祥寺，無論是連鎖店、獨立店都很多。在車站前，從被稱為「○○路」的商店街旁邊小路走進去，常會遇到好店，是比較便宜的區域。從鐵路沿線往北看去，西武新宿線上的沼袋、鷺之宮等，如果坐計程車去的話大約 800 日圓左右。兩個人分攤的話，算是滿便宜的，如果想的話，可以南北移動來體驗續攤喝酒的樂趣。

　　近年中野車站因為大企業與大學的進駐，白天的人潮激增。北口 Sunmall 太陽購物中心後的酒館街很熱鬧。無論走到哪裡都是酒館，想找到中意的店要費很大工夫。這種區域建議一到兩個人去，三個人以上有不少地方是進不去的。「據說大部分的時候都進不去」的〈阿岡〉（已歇業）雖然是立飲屋，卻可以品嘗新鮮的稀有魚貝類與美酒。生意好到要運氣好才有位子。其他還有〈烤內臟串石松〉（もつやき石松）、〈燒屋中野店〉（やきや中野店）、〈河童〉（カッパ）等好店，請記下店名。

　　高圓寺的話，車站南口的〈大將〉很有名，不過 2016 年在東京開了很多分店的〈晚杯屋〉在純情商店街裡也開了分店，大多數下酒菜都只要 100 日圓左右，是吸引人的重點。想去便宜的立飲屋的話〈木戶藤〉也是不可錯過的人氣店。

　　阿佐谷的話，在 Star Road 走一段，便會到達立飲屋〈風太君〉，烤雞肉串、魚貝類等菜單都很豐富，酒徒喜歡的每天更新菜單也不可以錯過。附近也有雖然是連鎖店卻也很有風味的〈和田屋〉，有山豬肉壽喜燒風味、鹿肉的肉醬等稀有的下酒菜，叫人食指大動。接下來，我們就去萩窪吧！

新宿

◯ 大久保

◯ 東中野

中野

高圓寺

阿佐谷

〈阿岡〉（おかやん）
中野

菜單裡會寫上魚貝類的產地，店家推薦三合一套餐只要700日圓，讓人開心。這家是很難進得去的人氣店。
※已歇業

〈晚杯屋〉
高圓寺

東京都內有18家分店的連鎖店，CP值很高所以人氣也很旺。大多數的下酒菜都只要100日圓左右。

〈木戶藤〉（きど藤）
高圓寺

毫不遜色於晚杯屋的高CP值高立飲屋。位於從車站走路4分鐘的住宅區裡面。

〈風太君〉（風太くん）
阿佐谷

下午3點開始營業的立飲屋。烤雞肉串、魚貝類等菜單很豐富，也有稀奇的每天更新菜單。

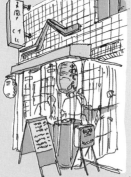

喜愛杯中物者不能錯過的街道③
在中央線沿線一家接一家續攤
荻窪、西荻窪、吉祥寺

◉ 可以在平心靜氣的氣氛之中喝的地區

　　中野到吉祥寺之間雖然是住宅區，但是在車站前都有鬧市，而且車站的南北兩邊都有酒館，實在太令酒徒們興奮了。會去酒館的客人一半左右都是當地的住戶，所以氣氛平靜。也許是因為當地人在那裡可能會遇到熟人，也不敢太過盡情歡鬧。

　　提到荻窪的話，以前在車站北口旁邊的〈鳥本〉很美味，很多大叔經常去光顧，但是都更之後，就遷到了新宿的商店街。雖然不像以前那麼有存在感，但有烤雞肉串、烤豬肉串，還有北海道直送的鮭魚、天然國王鮭、無農藥有機蔬菜是其驕傲之處。老闆還會用大嗓門又粗野的聲音來迎接客人。總店在中野的〈燒屋〉（やきや）是專賣花枝料理的立飲屋，從以前粉絲就很多。

　　西荻窪車站南口的柳小路一直很熱鬧。下午 1 點開始營業的〈戎〉有 95 日圓起跳的串烤，還有出名的沾塔塔醬吃的大塊沙丁魚可樂餅（490 日圓）。在這間附近的烤雞肉串店〈米田〉有限量的巨大雞肉丸子（210 日圓），也有生雞肉片等。還有，柳小路會在每個月的第三個星期日舉辦「午間市場」，附近店家的酒與料理會比較便宜，相當熱鬧，請務必去一次。

　　說到吉祥寺的話，車站北邊出口的口琴巷道一直都是人擠人，所以從哪裡進入也要看時段。有名的老店〈伊勢屋〉（いせや）的總本店與公園店，各自在 08 年與 13 年整修後重新開張。雖然以往的風情不再，但是現在仍然有許多酒客上門。

　　要續攤的話，先去出名的店。熟練之後，想要試試運氣再找沒去過的店。以挑戰看看的輕鬆心情來體驗這種樂趣就好。

阿佐谷

〈鳥本〉（鳥もと）
荻窪

在當地受到長年愛戴的老店。以前的人只知道有烤雞肉串、烤豬肉串，其實現在還有產地直送的魚貝類、無農藥有機蔬菜。

荻窪

〈戎〉
西荻窪

白天的菜單雖然有限，但是帶著小巷特有的悠閒氣氛，實在難以言喻。

西荻窪

〈米田〉（よね田）
西荻窪

菜單上任意一樣都很夠份量，美味又有飽足感。兩樓也有坐位。

吉祥寺

〈口琴巷道〉（ハモニカ横丁）
吉祥寺

有〈萬兩〉（万両）、〈笹之葉〉（ささの葉）、〈牛大腸〉（てっちゃん）等這些維持傳統風格的酒館，另外也有中華料理、西班牙酒吧、亞洲料理等，主打年輕客群的店。

喜愛杯中物者不能錯過的街道④
在北千住區一家接一家續攤

◉ 逛逛維持傳統風格的大眾酒館吧

　　北千住車站匯集了五條鐵路，因為要轉車回家而走出車站來的人潮也很多，是 JR 東日本的車站每日平均使用人數的前十名。雖然東口也有酒館，還是去熱鬧的西口吧！一出西口往左手邊的巷道走，一整排都是大眾酒館，真是酒徒的天堂啊！正好可以在等電車的時候小酌一番，很方便。也可以到名店續攤。

　　首先，先在〈千住永見〉點燒酎 Highball（350 日圓）與有名的千壽炸物（千寿揚げ，有加大蒜。520 日圓），類似甜不辣，但大蒜的味道特別突出。在串炸的立飲屋〈天七〉，點 Chu-hai（350 日圓）與炸牛肉串、炸豬肉串、花枝、沙鮻等，一串 160 日圓，還有長蔥、大蒜等各種蔬菜。這家會在客人面前現炸，把剛炸好熱騰騰的料理放在客人面前的盤子上。

　　在車站前的大馬路稍微走一段，移動到「宿場町路」。這裡有東京三大燉煮料理之一的〈大橋〉。4 點半開店隨即就客滿，但是翻桌率很高，只有一、兩個人的話，等一下子就有位子了。不過或許是不歡迎酒品不好的醉鬼，有時會拒絕在入口偷看的客人。兩個人的話，點整瓶龜甲宮（720ml，1200 日圓），還會一起上來冰塊與小瓶裝的「不明液體」與氣泡水，可以慢慢享受。點了燉煮料理與肉末豆腐等（320 日圓），老闆就會從吧台裡活力十足向廚房大喊一聲：「燉煮一份！」很有江戶下町的味道。

　　北千住有很多保留以前風格的酒館，客群以中老年人為主。其中也有很多店都是要排隊的。如果不想排隊，就當作沒緣份，放棄好了。畢竟不進到店裡面的話，什麼都無法開始。就找下一家店吧！

北千住酒館MAP

宿場町路（宿場町通り）

常磐線

筑波急行列車（つくばエクスプレス）

東武晴空塔線（東武スカイツリーライン）

西口

酒館巷道（飲み屋橫丁）

北千住駅

東口

① ②

③ ④

① 〈大橋〉（大はし）

雖然是1877年創業的老店，但店裡整修過很漂亮。老闆感覺就是很傳統的江戶人。

② 〈Bird Court〉（バードコート）

在米其林指南得到一顆星而出名的烤雞肉串名店。外觀很時尚。

③ 〈千住永見〉（千住の永見）

有名的料理除了千壽揚之外，還有烤雞軟骨丸子（附溫泉蛋）。只有少數人才知道的隱藏菜單拉麵，也讓人很想吃。

④ 〈天七〉　本店

茶色的大暖簾很有迫力，站著吃的串炸店。大型的匚字形吧台，有可以容納50個人那麼寬廣。

～在商店街喝酒～
魚丸、半平、白蘿蔔和杯酒

一般人不會在商店街裡喝酒。會在商店街喝酒，是因為有酒館。聽說在赤羽有那個。東京北區赤羽是喝酒的聖地，有兼製造販賣關東煮材料的〈丸建水產〉。

關東煮槽裡飄浮著大量的食料，可以吸引人群。在店前放有桌子，可以站著喝酒。客人接二連三不斷前來，排隊隊伍不算很長。運氣好，很快就排到了。這裡的手工魚漿食品，不買不行。點了魚肉山芋餅（半平）、白蘿蔔、魚丸、紅薑天婦羅。酒就選丸真正宗這種在東京23區內唯一在地酒廠之小山酒造的杯酒[2]。拿到

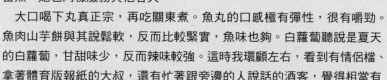

裝關東煮的盤子，正在想要在哪裡吃時，年輕的女性店員幫我拿盤子，並幫忙找了一個空位。當然，她也同樣服務其他客人。

大口喝下丸真正宗，再吃關東煮。魚丸的口感極有彈性，很有嚼勁。魚肉山芋餅與其說鬆軟，反而比較緊實，魚味也夠。白蘿蔔聽說是夏天的白蘿蔔，甘甜味少，反而辣味較強。這時我環顧左右，看到有情侶檔、拿著體育版報紙的大叔，還有忙著跟旁邊的人說話的酒客，覺得相當有趣。我又買了一杯丸真正宗之後，才吃完了關東煮。在這家人擠人的店裡待太久也沒意思。於是，我穿過了商店街就回去了。其他還有別的好店。

---

2 小山酒造已於2018年1月正式宣布結束清酒製造。

ILLUSTRATED

第5章

居酒屋
at home

調製好喝的燒酎Highball

● 強氣泡水是營造口感的關鍵

在下町居酒屋很常見的燒酎 Highball，現在大多數立飲屋的菜單裡也常會有。從以前到現在，燉煮料理、烤內臟串等跟燒酎 Highball 都是黃金組合。想自己在家裡試試看的人應該不少吧！雖然去便利商店或超市，就有現成的罐裝酒，但是這樣就太無趣了。那麼，王道的調製方法到底是什麼呢⋯⋯。

首先要準備的是甲類燒酎（58 頁）。如果是居酒屋的鐵粉，可能會獨斷地說只能用龜甲宮燒酎 25 度，但用其他甲類燒酎也 OK。接下來，就要把調製燒酎 Highball 不可或缺的「神秘液體」弄到手。像在 40 頁提過的，燒酎 Highball 用的原料「天羽之梅」（一升約 900 日圓左右）才是主流。一般酒舖或網路上都買得到。氣泡水的泡泡多、彈力強才能叫強氣泡水，用來調酒會讓口感變得很清爽，所以推薦使用強氣泡水。

● 享受調配自家獨特風味的樂趣

天羽之梅、燒酎、氣泡水用 1：2：3 的比例是基本。不同店的做法不同，所以可以依照自己的喜好來調整濃度。包括玻璃杯等所有材料都要在冰箱裡冰到足夠，不可以用冰塊。只有遵守以上這些規則，才夠資格稱做元祖的「下町 Highball」。請務必挑戰看看。

寫到這裡，還是要先潑一下冷水。其實自己在家裡調配是很難重現居酒屋的味道，有很多人還是覺得「去店裡喝果然不一樣」。預祝調製順利。

燒酎Highball的基本做法

包括大玻璃杯等所有材料，都要在前一天在冰箱裡冰到足夠。

POINT

冰到足夠

檸檬

檸檬切成薄片，依自己喜好來準備用量，讓它浮在杯中就好。

氣泡：3

氣泡越強喝起來的口感越清爽，所以氣泡越強越好。

燒酎：2

甲類燒酎25度。推薦使用龜甲宮。

天羽之梅：1

燒酎Highball用的萃取液。其他請參考下圖。

● 其他的「神秘液體」

天羽飲料加入檸檬汁的萃取液。也可和琴酒、威士忌搭配。

合同酒精的「梅之香黃金」，1800ml只要600日圓左右，比較便宜。

神田食品研究所「Highball」。製造商建議的調配比例是燒酎7：萃取液3：氣泡水10。

調製好喝的三冰Hoppy&
冰沙風燒酎

◉ 三冰的調製方法

說到酒館的 Hoppy，端上桌時是在大啤酒杯裡加入冰塊與燒酎的狀態，然後基本上標準程序是自己把 Hoppy 倒進去。相對的，有另一種俗稱「三冰」的喝法，就是用冰過的 Hoppy、25 度的龜甲宮燒酎，和在冰箱冷凍庫裡冰凍好的大啤酒杯。

做成三冰的話，就不會因為冰塊溶化而使味道變淡，能維持一開始的濃度是魅力所在。在大啤酒杯裡加入燒酎，再猛然倒入 Hoppy，就會出現像啤酒一樣的泡泡，看起來很好喝。燒酎與 Hoppy 的調配比例為 1：5，但是可以按照自己的喜好來改變濃度。就像在 48 頁提過的，重點是不要用攪拌棒來攪拌。

◉ 冰沙風燒酎的調製方法

所謂「冰沙風燒酎」就是指把龜甲宮燒酎冷凍到呈現雪酪狀的狀態。調製方法為把燒酎倒到保特瓶裡，在冷凍庫裡大約冰個一天。燒酎結凍之後，就輕輕按揉保特瓶，讓燒酎變成雪酪狀，然後倒進較小的玻璃杯，就可以喝了。也可以倒入少量天羽之梅，做成有摻梅的，或做成摻 Hoppy 的。口味清爽又適合夏天的飲料就完成了。龜甲宮燒酎的製造商宮崎本店也發售了一種「冰沙風燒酎真空包」，讓人可以輕鬆簡單地享受冰沙風燒酎。請試一次看看吧！雖然喝起來感覺很棒，但是像這種的什麼都沒有摻就直接喝的，酒精濃度很高，要小心別喝太多了。

三冰的調製方法

大啤酒杯或玻璃杯放進冷凍庫裡冷凍，甲類燒酎、Hoppy也要拿進冰箱裡冰到足夠。

凍　　　　　冰　　　　　冰

甲類燒酎　　　　　　　　　　　　　　Hoppy

調配比例
1：5

POINT

★是記號

Hoppy原創大啤酒杯（500ml）的杯身下半部會有個★號，這是指燒酎要倒到這裡就好的高度（70ml），再倒入一瓶Hoppy（330ml）的話，就是1：5（約4.7）。

冰沙風燒酎的調製方法

在冷凍庫裡放一整天，變成雪酪狀。

龜甲宮20度的冰沙風燒酎真空包。90ml的包裝，大約100日圓左右。可以輕鬆愉快地享受冰沙風燒酎。

除了摻Hoppy之外，也可以直接倒進玻璃杯裡，不摻其他東西直接喝。

酒蒸花蛤

難度 ★☆☆

● 口感柔軟，帶著一股海鮮香氣

酒蒸花蛤是居酒屋裡的常見菜色，有時太小顆或是太硬，都叫人失望。在惠比壽的〈齋木〉（さいき）（已歇業）用的是從築地進貨愛知產的大型花蛤。聽說他們會挑選煮過不會縮水，也不會失去柔軟口感的花蛤，難怪咀嚼花蛤殼中的蛤肉，感覺這麼豐滿而富有彈性。一人份雖

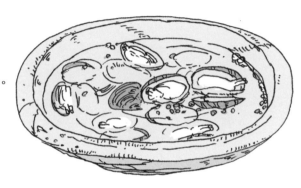

然只有 12 顆，但吃完後比想像中更有飽足感。充滿花蛤美味的白濁高湯，也是好喝到忍不住發出聲音來。

煮法很簡單。清洗吐完沙的花蛤，用一般家庭用的湯勺來量酒，倒滿滿一湯勺的酒進鍋內，再倒入鰹魚高湯，然後開火。當高湯沸騰，花蛤的殼打開，就完成了。最後別忘了把浮沫撈起來，撒上一些細香蔥的蔥花當作點綴。

在家裡煮的時候，光靠酒與花蛤的美味就夠好吃了，再加上鰹魚高湯，風味會變得更有深度。〈齋木〉的其他餐點像是玉子燒等，也用了鰹魚高湯，再稍微加一點砂糖，做成甜的。平常家庭裡做煎蛋不會用到的這個步驟，會讓嗜酒者的味蕾歡喜雀躍。

第 5 章

居酒屋 at home

烹飪方法

① **材料**

較大的花蛤一人份是12顆。吐完沙之後，把花蛤洗乾淨，加一湯勺的酒，再加鰹魚高湯。

② **開火**

用大火來煮①，煮到高湯沸騰。

③ **花蛤殼打開就完成了**

不要蓋上鍋蓋，這樣煮就好。花蛤殼打開就完成了。撒上一點細香蔥的蔥花吧。

烤貝類很簡單！

帆立貝

放在烤肉網上，用大火烤到殼打開。可以的話，烤前把肉與殼割開比較好。

注意不要烤過頭了。湯汁沸騰之後，就翻面烤另外一邊。

最後淋上醬油，盡量讓整個貝肉都平均淋上，然後放個30秒就可以吃了。

角蠑螺

放在烤肉網上，用較弱的火來烤。沸騰冒泡泡之後，就倒入醬油。

用金屬籤之類的東西，插入肉裡轉動，把肉從殼裡取出來。

完成了。趁熱吃吧！

馬鈴薯沙拉

難度 ★☆☆

● 簡單菜色卻變化多端

馬鈴薯沙拉是酒館裡的快餐，很少會遇到難吃的。店家把心思花在特別的食材與獨家風味上，是一道可以讓人感受到店家獨特性的菜色。黏糊糊的馬鈴薯跟口感爽快的蔬菜與火腿等合奏出美妙的和聲。也可以在吃完重口味的燉煮料理後，轉換一下口味。新宿黃金街的〈老爺〉（ダンさん）把馬鈴薯沙拉當作開胃小菜。裡頭大塊

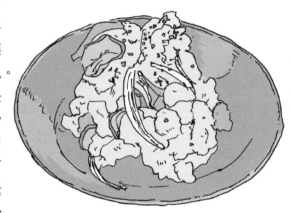

大塊的洋蔥讓這道沙拉充滿男人味。旁邊放上塊狀馬鈴薯塊，正好可以也是種有趣的變化。

煮法是，準備一鍋水，把即將變成鬆軟熱乎的男爵薯放進去煮。大約過 10 分鐘後，用竹籤插看看，感覺像東西撲通落水那麼順的話，就是煮好了（大約 15 分鐘左右）。倒掉熱水，以小火把水分煮乾，再用木鏟等壓成泥狀。趁熱加鹽、胡椒，些許風味獨特的帕馬森乾酪來調味。放涼之後，用布包住塗過鹽巴的蔬菜，擰掉多餘的水分，然後再加入美乃滋跟馬鈴薯泥一起攪拌。調味時可以多試幾次味道，調成自己喜歡的味道就好。聽說加一點芥末也滿好吃的。

第 5 章

居酒屋 at home

烹飪方法

① **材料（3～4人份）**

基本材料是男爵薯4顆、洋蔥半顆，紅蘿蔔、小黃瓜各1條。另外還可以加火腿或香腸，也可以加上自己喜歡的蔬菜。

② **把馬鈴薯切塊水煮**

一般為了把甜味鎖住，會整顆下去煮，但是想煮快一點的話，也可以削皮之後再切塊煮。

③ **先在蔬菜上撒鹽**

在馬鈴薯煮好之前，把洋蔥、紅蘿蔔、小黃瓜切成薄片，撒上一點鹽巴，然後先放著。

胡椒　塩　帕馬森乾酪

④ **把馬鈴薯壓成泥狀**

煮好馬鈴薯之後，倒掉熱水，用小火把馬鈴薯水分煮乾，趁熱壓成泥狀。壓到剩小碎塊就可以了。

⑤

加美乃滋再攪拌

在馬鈴薯泥裡加入美乃滋，然後試試味道。接下來加入擰掉多餘水分後的蔬菜，再加美乃滋然後試試味道。調成自己喜歡的風味。

肉末豆腐

難度 ★ ☆ ☆

◉ 適合下酒的重口味菜色

肉末豆腐是酒徒的靈魂食物，跟燉煮內臟同樣是居酒屋不可或缺的一道菜。燉煮肉末與豆腐（還有洋蔥等）雖然很簡單，但是很多店的肉末豆腐卻具有獨特風味，可以從這盤料理中感受到歷史長久的傳統。很適合下酒，可以藉由啤酒或下町 Highball 等來沖淡的重鹹口味，是別的料理無法取代的。在〈老爺〉這道料理會加進滷牛筋，就算不是熟客，也會愛上這道美味，是那家店引以為傲的一道料理。

煮法是在煮一鍋水，放入碎牛肉，邊煮邊把黏在一起的碎牛肉攪拌開來。等待的時候，先把半顆洋蔥切成厚片備好。肉煮到不再出現浮沫之後，就加入一杯酒，用中火滾一下。然後加進洋蔥，再加入醬油、砂糖來調味，最後加入豆腐。豆腐無論是切成薄片，或是縱切四分之一都可以，自己喜歡就好。

一次可以多煮一點，每次要吃前再熱一下，味道會越來越濃，肉末會變得黏糊糊的，洋蔥變得爛爛的，味道深入豆腐之中變成茶色，成為真正的肉末豆腐。用來配飯很棒。

烹飪方法

① **材料（5〜6人份）**

和牛碎肉（380公克）裡包括各式各樣的部位，或是牛五花的碎肉也可以。

② **切洋蔥**

趁著肉末煮到稀爛之前，把洋蔥（半顆）切成稍厚片狀。

③ **用足夠的水來煮肉末**

在鍋子裡放入約5公升的水與肉末，沸騰之後，仔細撈起浮沫，直到浮沫不再出現為止。

④ **調味**

先加一杯酒，加入洋蔥，再加入醬油（湯勺兩勺半）、砂糖（2大匙）來調味。

肉末豆腐的活用範例

加豬五花肉、蒟蒻絲與蔥。重點是蔥不要煮過頭。

用雞皮與內臟也可以。這個的CP值高到沒話說。

把肉末豆腐倒在白飯上吃，美味超群。洋蔥發揮了很大的作用。

滷大腸

難度★★☆

● 清淡的味噌風味，內臟細切很好吃

說到燉煮內臟，雖然一般用豬內臟比較多，但是在〈齋木〉（已歇業）是用牛大腸。用仙台味噌來調味相當清淡，沒有一點內臟特有的臭味。就燉煮內臟來說，十分高雅。牛大腸細切，似乎是為了讓客人吃起來好入口所花費的心思。燉煮內臟的味道進到蒟蒻、牛蒡中，

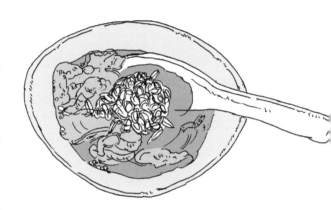

相當美味。可以跟這料理搭配的有日本酒、燒酎、啤酒這三種。這道料理是全年供應的，尤其在冬天大概是因為可以暖和身子，點的人比較多。

煮法是，首先 1 公斤的大腸（約 25 人份）加進大蒜，以及可以去腥的薄切薑片，用大鍋來煮。沸騰之後，邊加水邊仔細撈起浮沫，這個步驟很重要。煮的時間因內臟的油脂多寡而異，大約 1 個小時左右。沒有浮沫，也沒有內臟臭味之後，再加入蒟蒻、牛蒡。煮個大約 10 分鐘，等蒟蒻、牛蒡入味之後，再把仙台味噌加入湯裡就完成了。最後撒上一層細切白蔥，就成了酒徒不吃會受不了的美味。

① **材料**

大型超市有賣已經煮好的內臟。
材料還可以加白蘿蔔、紅蘿蔔、
豆腐等，也可以把其他的剩菜加
進去，弄得很豐富。

② **切蒟蒻**

為了讓蒟蒻容易入味，所以要滾
刀切。牛蒡也要切得細一點。形
狀不拘。

③ **水煮**

牛大腸1公斤，還有大蒜與薑片
（各約100公克）放進大鍋裡一
起煮。

④ **撈浮沫**

沸騰之後，邊加水邊仔細撈浮沫。
在臭味根源的黃色油脂完全煮出來
前，必須一直撈。

⑤

加入蒟蒻、牛蒡

沒有腥臭味之後，就加入蒟蒻、
牛蒡。在店裡會用大鍋，其實在
家裡的話，使用行平鍋也OK。

高湯日式煎蛋

難度★★★

◉ 鰹魚高湯淡淡的香氣是溫和的滋味

玉子燒或高湯日式煎蛋本身鮮明的黃色能刺激食欲。別以為不過是便當配菜而已，這可是酒館裡出名的必備下酒菜。在菜單裡放進高湯日式煎蛋的酒館，即使乍看十分普通，但是店家一定有自己的堅持。

　　徐徐下箸，會看到幾層鬆軟的斷面，不知道從哪裡滲出了高湯。鰹魚高湯的香氣包覆著煎蛋並帶有微微的甘甜。入口慢慢享受咀嚼煎蛋時的美味與口感，再配一口日本酒也很好。

　　烹飪方法是，把3顆雞蛋打進大碗裡，像把蛋白切開的感覺來攪拌打蛋。然後加一點味醂與鰹魚高湯。倒油遍布平底鍋鍋面，先把蛋煎得薄薄的。在有一定程度的凝固後，就把煎蛋往鍋內的一端捲過去，再把剩下的蛋液倒在平底鍋空出來的地方。新煎的再凝固後，就把已經捲好的煎蛋，像在平底鍋上翻滾似的把新煎的部分捲起來。如此，煎好再捲起來的步驟，做四次就完成了。在旁邊放上白蘿蔔泥，爽快地享用吧！

烹飪方法

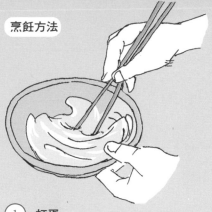

① **打蛋**

打3顆雞蛋，加入鰹魚高湯約
120～144cc。如果鰹魚高湯太
多，蛋會過度鬆軟而沒辦法捲起
來，所以要小心。

② **讓油遍布平底鍋鍋面**

倒入適量的油。多餘的油用紙巾
擦掉，讓整個鍋面都沾上油即
可。

③ **煎薄薄的蛋**

倒入大約¼左右的蛋液，傾斜平
底鍋盡可能讓蛋液平均分布，並
用料理長筷來調整。

④ **煎蛋要捲起數次**

把③的成品放在一端，在空的地
方倒入蛋液來再煎。凝固後，再
讓③的成品翻滾，把新煎蛋捲起
來。這步驟要重複四次。

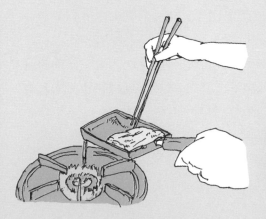

⑤

最後修飾

整個都捲成一塊後，甩動平底鍋
讓整個煎蛋完全凝固後就完成
了。

蝦肉丸

難度 ★ ★ ★

● 鬆軟熱乎的油炸蝦肉丸

蝦肉丸不只是用蒸的或放在湯裡煮而已,像〈齋木〉(已歇業)的店裡也有油炸的蝦肉丸。剛炸好很鬆軟,所以輕鬆就能用筷子分成兩半。與附在一旁的青海苔與鹽

巴一起吃,蝦肉會在嘴裡滾來滾去,即使漸漸嚼爛了,口感仍然鬆軟熱乎。最後,會覺得鼻子深處似乎有股海潮香,蝦子與白身魚的美味融為一體。這是店裡的名料理之一,大多數客人都會點。在夏天當然要點冷酒來搭配。這家店的凍結酒很適合這道菜。

烹飪方法是,先把切成碎末的洋蔥炒到熟透,然後放在料理盤上 2 小時左右,讓水分蒸發。把蝦子(草蝦)切片,然後把蝦肉搗碎到還有一點嚼勁的程度,跟剛才的洋蔥放在一起。接下來,再加進磨碎的白身魚魚肉,均勻地攪拌混合。如果磨碎的魚肉還有一塊一塊的沒有仔細混合的話,油炸時就會膨起來,要小心。最後為了讓材料互相黏合再加入美乃滋。

還有一個重點就是,在油炸之前要先稍微冰一下。因為加了美乃滋,材料會變得過於柔軟不容易油炸。用冰淇淋勺子來挖取一人份的量,手捏成形後裹上太白粉當麵衣,然後下鍋油炸。

烹飪方法 ※材料份量的1/15左右為2～3人份

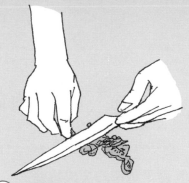

① **炒洋蔥**

把1公斤的洋蔥切成碎末，大約炒到內部熟透就行了。炒好平舖在料理盤上，再蓋上廚房紙巾，好讓水分蒸發。

② **把蝦子切片**

把去除腸泥的蝦子（900公克）切片，搗碎到稍微保留一點嚼勁的程度。也可以用食物調理機。

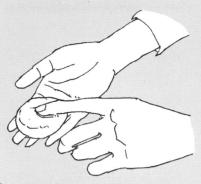

③ **混合洋蔥與蝦子**

冷卻並且水分也蒸發得差不多的洋蔥，跟蝦子混合在一起。磨碎的魚肉（400公克兩包。塑膠袋包裝很方便）再加進去攪拌混合，最後再加入美乃滋（420～450公克）。

④ **捏好形狀**

用冰淇淋勺挖出一人份，在手掌上捏好形狀。為了熱度容易穿透，中心部分要稍微壓一個凹洞。

⑤

油炸

用160～170度的油來炸。在炸好浮上來時的溫度要剛好170度。可以用糯米椒之類的裝飾。

「自家酒館」的必備用具

◉ 用飛驒爐的炭火燒烤

有時也想在自己家裡把食材烘成乾貨，或烤雞肉、貝類等。雖然用卡式爐也可以，但就是少了一點風味。想要更像身處居酒屋的風情，就要用桌上型烤爐，例如飛驒爐或七輪爐就正好。大小與規格也各有不同，用木炭來烤就會很有「自家酒館」的風情。可以用「生火器」放在瓦斯爐上直接讓木炭生火，很簡單（也可以用固體酒精燃料）。

不過像秋刀魚或牛肉之類油脂多的食材，容易會烤得室內到處都是煙，要注意。另外，油脂或湯汁濺出來還會留下痕跡，所以想要保持乾淨就需要多費工夫收拾。如果覺得這種髒污也是種風味的話，桌上型烤爐實在值得擁有。

◉ 使用小型砂鍋來煮小火鍋

冬天的時候，煮湯豆腐就會想到砂鍋，就能在自家的桌上重現出池波正太郎[3] 那種等級的小火鍋。熱度傳導到食材也很溫和，保溫效果也很高，所以適合燉煮料理。一邊輕輕啜飲日本酒，一邊享受熱騰騰的火鍋實在是太爽了。砂鍋越用越能增加風味，讓人愛不釋手。

雖然給單身者用的小砂鍋，在百圓商店也有在賣，但是聽說很容易破，所以要小心。（但另一方面，也有人說根本沒有這種問題，似乎只是商品個體之間的差距。）

---

3 池波正太郎（1923-1990年），二戰後的時代小說、歷史小說作家。同時也是美食家、電影評論家。主要著作有《鬼平犯科帳》、《劍客生涯》、《殺手・藤枝梅安》、《真田太平記》等，以日本戰國、江戶時代為舞台的時代小說。

桌上型烤爐的使用方法

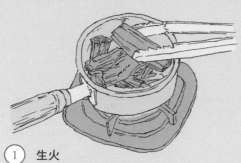

飛驒爐

用隔熱性、保溫性均優的矽藻土，做成烤爐的形狀。貼在外側表面的和紙是為了補強與保護爐子，但漢字帶著一股和式風情。

① **生火**

生火時，如果有那種鍋底呈網狀或洞洞的單柄鍋，就很方便。把敲成小塊的木炭放進去，直接把小鍋子放在瓦斯爐上點火，10～20分鐘後，木炭約有一半變得紅通通的，就能倒進烤爐裡。

② **使用方式**

像秋刀魚等脂肪多的肉，一烤就會出現大量濃煙，要小心。在室內使用的話，大概1小時要換氣二到三次。底部會變很熱，所以烤爐下面最好放一塊板子墊著。

③ **滅火**

把還在燃燒的木炭，用火鉗夾之類的移到消炭火罐裡面去，再蓋上蓋子把火滅了。用金屬製的桶子也可以。熄滅後的木炭下次可以重複使用。

砂鍋的使用方法

一人用砂鍋，大約6號尺寸（直徑約18～20公分）大小剛好，吃完火鍋還可以煮個烏龍麵。在百圓商店之類的就買得到了。

●保養方法

· 第一次使用的話，為了防止破裂，先煮一次粥。

· 底部濕濕的直接放到火上煮，有可能會破掉，要小心。

· 使用後需要仔細清洗，並確保完全乾燥。如果留有水氣，會破裂或發霉。

· 收藏砂鍋時，請勿收到原本買來時的盒子裡，可能會發霉。

下功夫擬出自家菜單

●鱈魚豆腐

先用大火稍微烤一下鱈魚，用昆布熬出來的高湯加入酒與醬油來調味。再搭配山芹菜。走池波正太郎風格的話，清淡一點比較好。

●花蛤白蘿蔔小火鍋

昆布高湯加入酒與鹽來調味。白蘿蔔切成細絲。花蛤的話，可以偷懶去買現成的花蛤肉乾貨來用，也很好吃。

●煮鯛魚頭

昆布高湯裡加入少量的鹽，倒入酒、醬油。入味的豆腐很好吃。做成鹽燒也好吃。

●雞肉丸子鍋

雞肉丸子只用薑汁、鹽、醬油來調味，加粉與水揉成丸子狀。對單身者而言，這是只有一樣食材豪華的小火鍋。

●去掉秋刀魚內臟的魚乾

秋刀魚的皮朝下,用中火烤(雖然也有人說是肉朝下,但烤完後味道並沒有多大不同)。會搞得屋子裡都是煙,所以這道料理的困難之處是能烤的場所很少。

●日式叉燒

在大塊豬肉的表面塗上鹽巴和胡椒,烤到肉的表面變色。然後加入用醬油、味醂、酒調合而成的湯汁,上面再撒上一些切蔥花、薑片,燉煮約40分鐘。也可同時一起煮蛋。

●涼拌豆腐

撒在涼拌豆腐上面的配料最讓人期待。(左)水煮魩仔魚、蔥、柴魚,再加上醬油。(中)木耳、蔥,再加上醬油、麻油。(右)韓式泡菜切絲、海底雞、蔥、芝麻粉,再淋上醬油、麻油。

後 記

雖說千圓買醉與立飲屋之類的人氣滿滿，事實上在自己家裡喝酒的人越來越多了。但上野、北千住或赤羽等地走一趟，又會覺得沒這回事。不過生意好的店是客滿到幾乎進不去，但門可羅雀的也不少。某家酒館的老闆曾經嘆息道：「酒館的競爭對手是在家喝酒。」

自家酒館也各有優缺點。

優點第一就是不用花太多錢，也可以不用在意時間。喝酒時愛穿什麼就穿什麼，不會有人說三道四等。不用遵守「燒酎只能喝三杯」這種規則，當然也不必擔心結帳時身上帶的錢不夠。只要捨得花時間、精力來做下酒菜，想吃什麼都可以。自家酒館是只有自己的「酒館」。自己就是老闆。

說到缺點，就是可能會一直吃喝類似的東西，沒有機會跟別人交流、有新發現等。因此也沒有「本日推薦」這種跟時令食材的邂逅，無法換店喝酒然後遇到更好的店，缺乏趣味性。還有，你敢在自己家裡烤臭魚乾嗎？

想要找到好酒館，很難不耗費一番苦心。應該也有很多人會在網路搜索，但是觀光客也是用同樣的方法，會失去發現時的驚喜。而且，會盲信網路評價的酒徒，不過是冒牌貨而已。雖然有時初次光顧新的店會失敗，但有時也會意想不到地成功，只能磨練自己的直覺了。

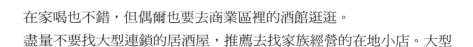

在家喝也不錯，但偶爾也要去商業區裡的酒館逛逛。

盡量不要找大型連鎖的居酒屋，推薦去找家族經營的在地小店。大型

連鎖居酒屋也許會比較便宜，但是他們只會完全遵照工作說明書來服務客人，而且服務品質也未必很好。如果店裡還很吵，那實在是爛到極點。想要喝一杯，還是找居酒屋老店比較好。能夠長久經營下來的店一定有什麼過人之處。例如，酒與下酒菜的種類齊備、風味獨到、建築與店內設計的巧思等。也可能是極富魅力的老闆。

不要只吃烤雞肉串，也吃一些烤內臟串吧！沒吃過部位的味道，不體驗一次是永遠不會知道的。一邊被煙燻，一邊拿著烤肉串，大口喝啤酒的感覺是無可取代的。

也有便宜又好吃的立飲屋。試看看白天喝酒也不錯，或是去蕎麥麵店、日式定食店、中華料理店等喝一杯。仔細想一想，在世間上根本四處都是「酒館」嘛！

與酒館的第一次邂逅，會帶著各式各樣的副產品。不只有難得一見的珍奇酒與下酒菜，還有跟別的客人與老闆之間的交流等，一定會有一些新發現。

如果喜歡上那家店的話，偶爾再去光顧吧！被記住臉的話，就是通往熟客之路了。酒館是種會偏心、對熟客比較好的地方。請務必要好好利用這一點。

在自家酒館得不到的東西，比想像中還要多呢！

筆者在酒館喝酒的資歷超過 30 年以上，常去光顧的酒館也不少。本書是根據筆者在那些酒館的所見所聞，以及與一起喝酒的朋友之間的對談等所撰寫的。雖然不知道會光顧到何時、卻能每次都不厭棄我的老闆與朋友，實在很感謝他們。

　　編撰本書的過程中，要特別感謝藤枝曉生先生與坂田隆先生，他們提供了許多的資訊與啟發。正因為這兩位先生的幫忙，本書才能夠順利面世。衷心感謝。

　　那麼，出門來去酒館喝一杯囉！請您也務必體驗這種樂趣。

【作者介紹】

小寺賢一

編輯、作家。

1961年生於日本大分縣。在滋賀長大。畢業於明治大學政治經濟學院，經歷了外包編輯、週刊雜誌記者、雜誌作家等，一步步走向酒徒之路。在新宿黃金街的資歷約有30年，最近幾年也在西荻窪附近出沒。帶著舊書店買來的舊書，坐在居酒屋的吧台單手翻閱，是他最幸福的時光。常喝的酒是燒酎或是Torys兌水，下酒菜喜歡燉煮料理。

參與編輯、寫作的作品有《第一次開居酒屋就賺錢》等，還有教你怎麼開店的實用書《來開店吧！》系列全27冊，其他還有《開小「酒吧」的方法》、《開講究的蕎麥麵店的方法》等。

桑山慧人

設計師、插圖畫家。

1986年生。現居東京。京都精華大學畢業。任職於設計公司Prigraphics。負責雜誌、書籍等的設計與插畫。主要作品合作有《達文西》雜誌、《料理解剖圖鑑大全》等。

個人網站 http://keito-kuwayama.tumblr.com/

【採訪協助】

・藤枝曉生

　從事顧問工作跑遍日本各地的上班族，去過1000家以上的日本居酒屋。在TOEIC多益公開測驗考過990分的滿分。著有《上班族居酒屋流浪記》。

・坂田隆

　1967年生於日本熊本縣。攝影師。
　東京綜合寫真專門學校畢業後，任職於相片製作公司。在泡沫經濟瓦解後，獨立創業。現在活在料理的照片世界中。

第5章

・惠比壽區的〈齋木〉（さいき）
・新宿花園黃金街〈老爺〉（ダンさん）

還有，感謝街上的每一間酒館……

跟著日本人這樣喝

居酒屋全圖解

酒品選擇、佐菜搭配、選店方法一次搞懂，享受最在地的小酌時光

作　　　者	小寺賢一
繪　　　者	桑山慧人
譯　　　者	卓惠娟、李池宗展
封 面 設 計	郭彥宏
排 版 構 成	高巧怡
行 銷 企 劃	蕭浩仰、江紫涓
行 銷 統 籌	駱漢琦
業 務 發 行	邱紹溢
營 運 顧 問	郭其彬
責 任 編 輯	劉文琪、賴靜儀
總 編 輯	李亞南

出　　　版	漫遊者文化事業股份有限公司
地　　　址	台北市103大同區重慶北路二段88號2樓之6
電　　　話	(02)2715-2022
傳　　　真	(02)2715-2021
服 務 信 箱	service@azothbooks.com
網 路 書 店	www.azothbooks.com
臉　　　書	www.facebook.com/azothbooks.read
發　　　行	大雁出版基地
地　　　址	新北市231新店區北新路三段207-3號5樓
電　　　話	(02)8913-1005
傳　　　真	(02)8913-1056
二 版 1 刷	2024年5月
定　　　價	台幣380元

ISBN　978-986-489-940-1
有著作權‧侵害必究
本書如有缺頁、破損、裝訂錯誤，請寄回本公司更換。

SAKABA ZUKAN by Kenichi Kodera, Keito Kuwayama
Copyright © 2016 Note Inc.
All rights reserved.
Original Japanese edition published by Gijyutsu-Hyoron Co.,
Ltd., Tokyo
This Traditional Chinese language edition published by
arrangement with Gijyutsu-Hyoron Co., Ltd.,
Tokyo in care of Tuttle-Mori Agency, Inc., Tokyo through
Future View Technology Ltd., Taipei.

國家圖書館出版品預行編目 (CIP) 資料

跟著日本人這樣喝居酒屋全圖解：酒品選擇、佐菜搭
配、選店方法一次搞懂, 享受最在地的小酌時光 / 小寺
賢一著 ; 卓惠娟, 李池宗展譯. -- 二版. -- 臺北市 : 漫遊
者文化事業股份有限公司出版 : 大雁出版基地發行,
2024.05
176 面 ; 14.8×21 公分
譯自 : 酒場図鑑
ISBN 978-986-489-940-1(平裝)
1.CST: 餐飲業 2.CST: 日本
483.8　　　　　　　　　　　　　　113004687

三冰Hoppy調製法

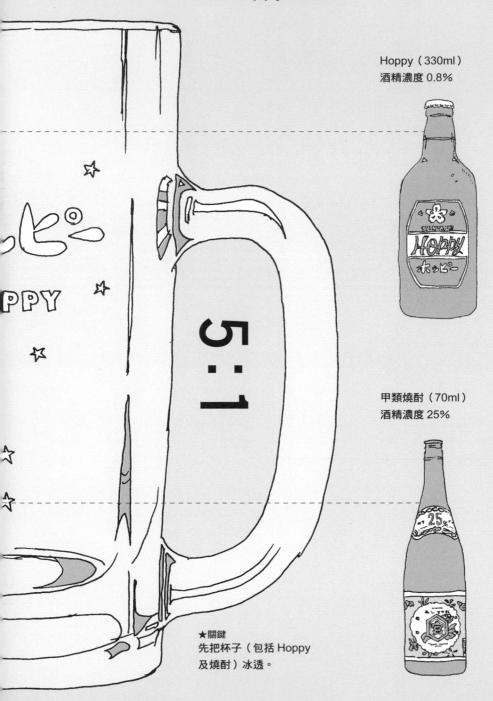

Hoppy（330ml）
酒精濃度 0.8%

甲類燒酎（70ml）
酒精濃度 25%

5:1

★關鍵
先把杯子（包括 Hoppy
及燒酎）冰透。

燒酎Highball的調製法

〈倒入順序②〉
氣泡水（210ml）

3:2:1

〈倒入順序①〉
甲類燒酎（140ml）
酒精濃度25%

〈倒入順序③〉
天羽之梅（70ml）

★關鍵
先把杯子（包括氣泡水、
燒酎、調製材料）冰透。